应用型本科机电类专业"十三五"系列精品教材

SolidWorks
实战教程

SolidWorks SHIZHAN JIAOCHENG

U0183624

主　编　丁正龙

参　编　曹琳琳　刘　依

主　审　柴知章

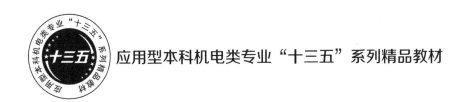

华中科技大学出版社
http://www.hustp.com
中国·武汉

图书在版编目(CIP)数据

SolidWorks 实战教程/丁正龙主编.—武汉:华中科技大学出版社,2020.7(2025.1重印)
ISBN 978-7-5680-6339-5

Ⅰ.①S… Ⅱ.①丁… Ⅲ.①机械设计-计算机辅助设计-应用软件-教材 Ⅳ.①TH122

中国版本图书馆 CIP 数据核字(2020)第 124035 号

SolidWorks 实战教程
丁正龙 主编
SolidWorks Shizhan Jiaocheng

策划编辑:袁 冲

责任编辑:史永霞

封面设计:孢 子

责任监印:朱 玢

出版发行:华中科技大学出版社(中国·武汉)   电话:(027)81321913
          武汉市东湖新技术开发区华工科技园   邮编:430223

录   排:华中科技大学惠友文印中心

印   刷:武汉邮科印务有限公司

开   本:787mm×1092mm 1/16

印   张:11.5

字   数:310 千字

版   次:2025 年 1 月第 1 版第 3 次印刷

定   价:39.00 元

前言

PREFACE

　　SolidWorks 公司是达索系统公司(Dassault Systemes)下的子公司,公司总部位于美国马萨诸塞州,专门负责研发与销售机械设计软件的视窗产品。

　　SolidWorks 软件功能强大,操作简单方便、易学易用,涉及航空航天、机车、食品、机械、国防、交通、模具、电子通信、医疗器械、娱乐工业、日用品/消费品、离散制造等分布于全球 100 多个国家的约 3.1 万家企业。在教育市场上,每年来自全球 4300 家教育机构的近 15 万名学生参与 SolidWorks 的培训课程。国内外众多著名高校包括麻省理工学院(MIT)、斯坦福大学、浙江大学、清华大学、哈尔滨工业大学、华中科技大学等一批著名学府都在应用 SolidWorks 进行教学。本书是编者结合近 10 年的 SolidWorks 软件实践和教学经验,组织 CSWA (SolidWorks 认证助理工程师)考试经验,以及利用 SolidWorks 软件解决实际工程问题的经验而编写的。全书共分为 11 章,分别从软件使用基础和使用技巧进行展开,具体特色如下:

　　(1)每章节采用引导、启发式教学方法,结合经典实战案例,使读者能够快速掌握软件的基本操作步骤和使用技巧。大部分案例都是来自作者的教学实践,可以为学习者提供良好的实践基础。

　　(2)在讲解基本建模的基础上,安排了一批机械设计实践中的典型零部件作为操作案例进行讲解,譬如轴套类零件、盘盖类零件、叉架类零件、箱体类零件的绘制技巧,避免了空洞的理论讲解和脱离实际应用的现象。

　　(3)本书除了包含该软件传统教材中草图、建模、装配、工程图等模块的讲解之外,为了适应企业实际需求,增加了动画仿真模块和渲染模块相关内容。其中渲染模块采用的是工业设计中常用的 KeyShot 插件,该插件是一个互动性的光线追踪与全域光渲染程序,提供了方便易用的、高品质的渲染功能,无须复杂的设定即可产生相片般真实的 3D 渲染影像,大大提高了设计者对产品外观的把控能力。

　　由于 SolidWorks 软件版本众多,对于基础入门学习者来说,各版本之间基本功能区别不大,因此,本书以 SolidWorks 2017 为讲解对象进行教学和演示。

本书可以作为大中专院校三维制图课程教材,以及学生参加 CSWA 考试的辅导用书,还可以作为工程技术人员解决工程实际问题的参考用书。

本书由丁正龙担任主编并负责统稿,由曹琳琳、刘依担任参编,由柴知章担任主审。在本书编写过程中,编者得到了安徽信息工程学院相关领导的大力支持,在此表示感谢!

由于编者水平有限,书中难免存在疏漏和不妥之处,恳请广大读者批评指正。

编　者

2020 年 5 月

目录

CONTENTS

第①章 SolidWorks 软件入门

 1.1 学习目标与重难点

本章将详细介绍 SolidWorks 的相关基础知识点和基本操作，操作者只有熟练地掌握该部分知识，才能够在今后的软件使用过程中更大可能地发挥功能。

本章重点介绍 SolidWorks 的软件界面和工作环境设置。

 1.2 知识点解密

1.2.1 软件介绍

SolidWorks 公司成立于 1993 年，总部位于马萨诸塞州的康克尔郡（Concord，Massachusetts）内。从 1995 年推出第一套 SolidWorks 三维机械设计软件至 2010 年，已经拥有位于全球的办事处，并经由 300 家经销商在全球 140 个国家进行销售与分销该产品。1997 年，SolidWorks 被法国达索系统（Dassault Systemes）公司收购，作为达索中端主流市场的主打品牌。

SolidWorks 软件是世界上第一个基于 Windows 开发的三维 CAD 系统。由于技术创新符合 CAD 技术的发展潮流和趋势，SolidWorks 公司于两年间成为 CAD/CAM 产业中获利最高的公司。良好的财务状况和用户支持使得 SolidWorks 每年都有数十乃至数百项的技术创新，公司也获得了很多荣誉。SolidWorks 在 1995—1999 年获得全球微机平台 CAD 系统评比第一名；从 1995 年至今，已经累计获得十七项国际大奖，其中仅从 1999 年起，美国权威的 CAD 专业杂志 CADENCE 连续 4 年授予 SolidWorks 最佳编辑奖，以表彰 SolidWorks 的创新、活力和简明。至此，SolidWorks 所遵循的易用、稳定和创新三大原则得到了全面的落实和证明，使用它，设计师能大大缩短设计时间。

由于 SolidWorks 出色的技术和市场表现，在 1997 年由法国达索系统公司以三亿一千万美元的高额市值将 SolidWorks 全资并购。公司原来的风险投资商和股东，以一千三百万美元的风险投资，获得了高额的回报，创造了 CAD 行业的世界纪录。并购后的 SolidWorks 以原来的品牌和管理技术队伍继续独立运作，成为 CAD 行业一家高素质的专业化公司，SolidWorks 三维机械设计软件也成为达索最具竞争力的 CAD 产品。

由于使用了 Windows OLE 技术、直观式设计技术、先进的 Parasolid 内核以及良好的与第三方软件的集成技术，SolidWorks 成为全球装机量最大、最好用的软件。有资料显示，目前全球发放的 SolidWorks 软件使用许可约 28 万份，涉及航空航天、机车、食品、机械、国防、交通、模具、电子通信、医疗器械、娱乐工业、日用品/消费品、离散制造等分布于全球 100 多个国家的约 3.1 万家企业。在教育市场上，每年来自全球 4300 所教育机构的近 145 000 名学生通过 SolidWorks 的培训课程。国内外一批著名学府也在应用 SolidWorks 进行教学。

据世界上著名的人才网站检索,与其他 3D CAD 系统相比,与 SolidWorks 相关的招聘广告比其他软件的总和还要多,这比较客观地说明了越来越多的工程师使用 SolidWorks,越来越多的企业雇用 SolidWorks 人才。据统计,全世界用户每年使用 SolidWorks 的时间已达 5500 万小时。

1.2.2 功能概述

SolidWorks 是一个大型软件包,由多个功能模块组成,每一个功能模块都有自己独立的功能。设计人员可以根据需要来调用其中的某一个模块进行设计,不同的功能模块创建的文件有不同的文件扩展名。SolidWorks 主要有草图绘制、零件设计、装配模块、工程图模块、钣金设计、模具设计、运动仿真等。本教材将会根据作者自身实践经验对 SolidWorks 各模块做详细介绍。

1.2.3 软件界面介绍

(1)软件界面

用户在安装好 SolidWorks 软件之后,在 Windows 操作环境中,双击桌面快捷方式图标,启动该软件,在启动画面消失后,系统将会进入 SolidWorks 2017 的初始界面,如图 1-1 所示,该界面中主要包括菜单栏和标准工具栏,在实际的操作过程中,用户可以根据自身需要去打开其他的工具栏进行设计。

图 1-1　SolidWorks 2017 初始界面

(2)用户界面

单击标准工具栏中的【新建】按钮,或者单击菜单栏中的【文件】|【新建】命令,进入【新建 SOLIDWORKS 文件】对话框,如图 1-2 所示。其中 3 个按钮功能如下:

零件按钮:双击该按钮,或者单击该按钮并单击【确定】按钮,即可进入用户界面,生成单一的三维零部件文件。

装配体按钮:双击该按钮,或者单击该按钮并单击【确定】按钮,即可进入用户界面,建立装配体零件,生成部件或整体模型。

工程图按钮:双击该按钮,或者单击该按钮并单击【确定】按钮,即可进入用户界面,选择一个零件或装配体,生成需要的工程图。

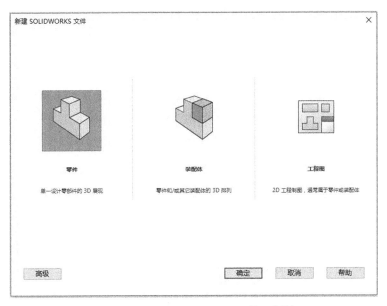

图 1-2 【新建 SOLIDWORKS 文件】对话框

零件设计模块是 SolidWorks 的基础模块,三维建模基本在该模块完成,打开任意一个已经建立的零件模型,则可见零件设计模块的用户界面如图 1-3 所示。

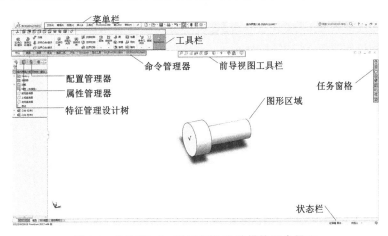

图 1-3 SolidWorks 2017 零件设计模块用户界面

菜单栏:位于屏幕的最上方,几乎包括了 SolidWorks 软件的所有命令。如要显示菜单,可以将鼠标指针悬停在左上角的 SolidWorks 2017 徽标 上。单击 按钮可以固定菜单。

工具栏:包含了大部分 SolidWorks 工具和插件产品,是相应命令按钮的组合。通过工具栏执行相关命令是一种方便快捷的操作方法。工具栏的定制可以通过右击任一命令按钮,然后选择或取消选择某一工具栏名称即可。

命令管理器:一个与上下文相关的工具栏,单击命令管理器中的不同选项卡则对应的工具栏会动态更新。用户可以通过右击某一选项卡,在弹出的快捷菜单中选择需要添加或去除的选项卡项目。

前导视图工具栏:一组透明的工具栏,提供了操纵视图所需要的所有普通工具,方便用户对视图进行操作。

特征管理设计树:位于 SolidWorks 左侧的交互窗口中,以树形组织,提供激活零件、装配体或者工程图的大纲视图,以便阅览模型或装配体如何建造以及检查工程图中的各个图纸和视图。

属性管理器:一个为 SolidWorks 命令设置属性和其他选项的交互窗口。

配置管理器:提供了在文件中生成、选择和查看零件及装配体的多种配置的方法。

图形区域:显示图形的区域,在该区域可以操纵零件、装配体和工程图。

任务窗格:位于 SolidWorks 右侧,提供了访问 SolidWorks 资源、可重用设计元素库、可拖到工程图图纸上的视图以及其他有用项目和信息的方法。

状态栏:提供与正在执行的功能有关的信息,是对当前状态的说明。

1.2.4 用户环境设置

用户在使用 SolidWorks 软件之前,可以根据自身实际需求设置好适合自己的 SolidWorks 系统环境参数,从而提高软件的使用效率。

(1)背景设置

SolidWorks 软件有默认的背景颜色,但并不是一成不变的,用户可以根据自己的实际需要进行重新设置,如在截取零件模型图片时,要求白色背景。左键单击菜单栏中的【工具】|【选项】命令,弹出【系统选项】对话框。选择【系统选项】中的【颜色】选项卡,在【颜色方案设置】中分别设置视区背景、顶部渐变颜色均为白色(方法是:例如选择【视区背景】,单击右侧的【编辑】,进入颜色的选择界面),在【背景外观】选项中可以根据要求选择素色或渐变,单击【确定】按钮实现界面颜色的改变,如图 1-4 所示。

图 1-4 界面颜色设置

(2)工具栏设置

SolidWorks 2017 工具栏中除显示常用工具外,还可以对工具栏进行相应设置。

①自定义工具栏。

单击工具栏中的【工具】|【自定义】命令,系统弹出【自定义】对话框。选择【工具栏】选项

卡,在选择框中,勾选【曲线】选项,就可以显示曲线工具栏。单击【确定】按钮完成曲线工具栏的设置,如图 1-5 所示。

图 1-5　自定义工具栏

②添加工具栏的工具命令。

对于操作中常用的命令,可以将其快捷符号添加在工具栏中,如特征编辑中倒角命令的添加。单击菜单栏中的【工具】|【自定义】命令,系统弹出【自定义】对话框,选择【命令】选项卡(见图 1-6),在选择框中,选择类别【特征】,右方出现【特征】所有的命令快捷符号。左键按住【倒角】命令快捷符号不放,拖到工具栏中松开左键,即完成了【倒角】命令快捷符号的添加,单击【确定】按钮退出。

图 1-6　添加工具栏的工具图标

(3)单位设置

在 SolidWorks 中进行单位设置的方法如下:

单击菜单栏中的【工具】|【选项】命令,系统弹出【系统选项】对话框,选择【文档属性】选项卡,在该选项卡下单击【单位】选项可进行单位的调整,同时可以自定义需要的单位,如图 1-7 所示。

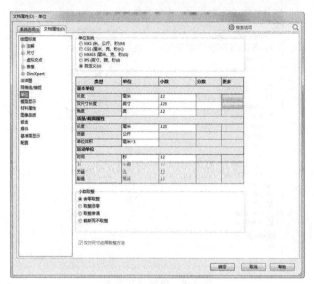

图 1-7　单位设置

第2章　草 图 绘 制

 2.1　学习目标与重难点

SolidWorks 的草图功能非常强大,同时也非常方便。本章主要介绍了草图绘制实体、草图工具、尺寸标注以及草图状态分析。其中需要重点掌握草图绘制实体、草图工具以及尺寸标注。学习完本章后要能熟练绘制草图,掌握草图绘制技巧。

2.2　知识点解密

2.2.1　草图绘制基础

2.2.1.1　草图绘制界面的进入

进入 SolidWorks 2017 草图绘制界面有以下两种方法:

方法一:单击命令管理器中的【草图】,选择工具栏中的【草图绘制】命令按钮 ,然后在特征管理设计树中选择适当的基准面作为草图绘制平面,进入草图绘制界面,如图 2-1 所示。

图 2-1　从工具栏进入草图绘制界面

方法二:单击菜单栏中的【插入】|【草图绘制】,如图 2-2 所示。然后在特征管理设计树中选择适当的基准面作为草图绘制平面,进入草图绘制界面。

2.2.1.2　草图工具栏

(1)工具栏选项

草图工具栏选项包含草图绘制的常用命令,是草图绘制最直接的方式,如图 2-3 所示。

(2)自定义草图工具栏

在工具栏空白处单击鼠标右键,弹出常用工具选项,再单击【草图】选项,如图 2-4 所示,

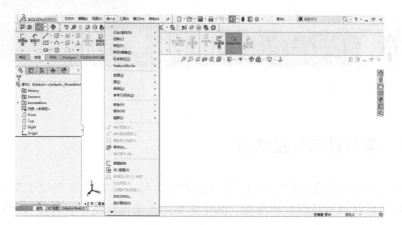

图 2-2　从【插入】菜单进入草图绘制界面

图 2-3　草图工具栏

即可显示草图绘制工具栏。在工具栏的空白处单击鼠标右键,在弹出的菜单中单击【自定义】命令,弹出【自定义】对话框,在该对话框中单击选择【工具栏】选项卡,再勾选【草图】选项,即可完成草图工具栏的添加。

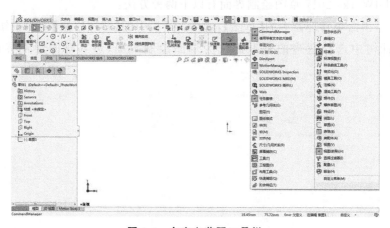

图 2-4　自定义草图工具栏

2.2.1.3　草图绘制界面的退出

①单击菜单栏中的【插入】|【退出草图】退出草图绘制界面,如图 2-5 所示。

②单击草图工具栏中的【退出草图】命令按钮 退出草图绘制界面。

③单击草图右上角【退出草图】命令按钮 退出草图绘制界面。

④单击草图右上角【关闭草图】命令按钮 关闭草图绘制界面,使用此方法意味着放弃草图。

2.2.2　草图绘制实体

草图绘制实体包括绘制点、直线、圆、矩形、多边形等绘制草图所需要的基本元素。在绘制每个基本元素时,特征管理区都会出现此元素的属性管理器。属性管理器里包含现有几

图 2-5　通过菜单栏退出草图

何关系、添加几何关系、选项、参数等项目。

①现有几何关系:在绘制草图时,软件自动生成的几何约束关系。

②添加几何关系:对草图添加新的几何关系,如水平、垂直、平行、共线等。

③选项:可以对此元素性质进行改变。

④参数:可以对此元素的参数进行修改。

2.2.2.1　点

进入草图绘制界面后单击草图工具栏中的【点】命令按钮 ▫ 或单击菜单栏中的【工具】|
【草图绘制实体】|【点】命令,在草图适当的位置单击鼠标即可绘制一个点,如图 2-6 所示。
在特征管理区出现点的属性管理器,如图 2-7 所示。单击属性管理器上的【完成】命令按钮
✓ 即可完成绘制。完成绘制后再双击此点特征管理区,会再次出现点的属性管理器,可对
点的属性进行重新设定。

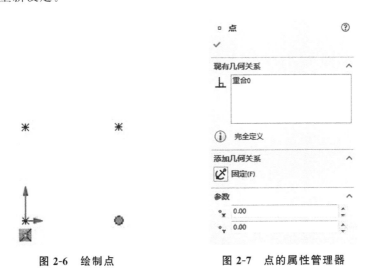

图 2-6　绘制点　　　　**图 2-7　点的属性管理器**

2.2.2.2　直线

进入草图绘制界面后单击草图工具栏中的【直线】命令按钮 ╱ 或单击菜单栏中的【工
具】|【草图绘制实体】|【直线】命令,在草图适当的位置单击鼠标绘制直线的起点,拖动鼠标
到终点单击即可绘制出直线,如图 2-8 所示。在特征管理区出现直线的属性管理器,如

图 2-9 所示。单击属性管理器上的【完成】命令按钮 ✔ 即可完成绘制。完成绘制后再双击此直线,特征管理区会再次出现直线的属性管理器,可对直线的属性进行重新设定。

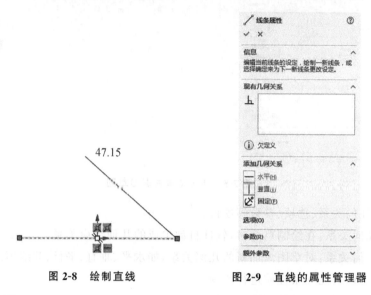

图 2-8　绘制直线　　　　　　图 2-9　直线的属性管理器

2.2.2.3　圆

进入草图绘制界面后单击草图工具栏中的【圆】命令按钮 ⊙ 或单击菜单栏中的【工具】|【草图绘制实体】|【圆】命令,在草图适当的位置单击鼠标绘制圆的圆心,拖动鼠标到适当的位置单击即可绘制出圆,如图 2-10 所示。在特征管理区出现圆的属性管理器,如图 2-11 所示。对圆的属性进行设定后单击属性管理器上的【完成】命令按钮 ✔ 即可完成绘制。完成绘制后再双击此圆,特征管理区会再次出现圆的属性管理器,可对圆的属性进行重新设定。

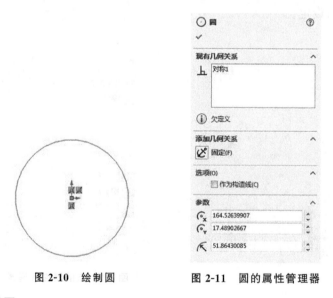

图 2-10　绘 制 圆　　　　　　图 2-11　圆的属性管理器

2.2.2.4　椭圆

进入草图绘制界面后单击草图工具栏中的【椭圆】命令按钮 ⊙ 或单击菜单栏中的【工具】|【草图绘制实体】|【椭圆】命令,在草图适当的位置单击鼠标绘制椭圆的中心点,拖动鼠标到适当的位置单击绘制出椭圆长(短)轴点,再次拖动鼠标到适当的位置单击绘制出椭圆短(长)轴

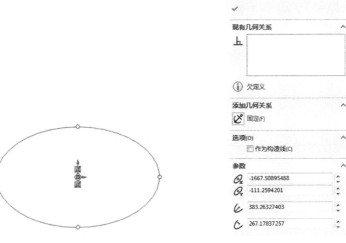

点即可绘制出椭圆,如图 2-12 所示。在特征管理区出现椭圆的属性管理器,如图 2-13 所示。对椭圆的属性进行设定后单击属性管理器上的【完成】命令按钮 ✔ 即可完成绘制。完成绘制后再双击此椭圆,特征管理区会再次出现椭圆的属性管理器,可对椭圆的属性进行重新设定。

图 2-12　绘制椭圆　　　　　图 2-13　椭圆的属性管理器

2.2.2.5　三点圆弧

进入草图绘制界面后单击草图工具栏中的【三点圆弧】命令按钮 ⌢ 或单击菜单栏中的【工具】|【草图绘制实体】|【三点圆弧】命令,在草图适当的位置单击鼠标绘制圆弧的起点,拖动鼠标到适当的位置单击绘制圆弧的终点,再拖动鼠标到适当的位置单击绘制圆弧的半径即可绘制出圆弧,如图 2-14 所示。在特征管理区出现圆弧的属性管理器,如图 2-15 所示。对圆弧的属性进行设定后单击属性管理器上的【完成】命令按钮 ✔ 即可完成绘制。完成绘制后再双击此三点圆弧,特征管理区会再次出现圆弧的属性管理器,可对圆弧的属性进行重新设定。

图 2-14　绘制三点圆弧　　　　图 2-15　圆弧的属性管理器

2.2.2.6　中心矩形

进入草图绘制界面后单击草图工具栏中的【中心矩形】命令按钮 ▢ 或单击菜单栏中的

【工具】|【草图绘制实体】|【中心矩形】命令，在草图适当的位置单击鼠标绘制中心矩形的中点，拖动鼠标到适当的位置单击绘制中心矩形的大小即可绘制出中心矩形，如图 2-16 所示。在特征管理区出现中心矩形的属性管理器，如图 2-17 所示。对中心矩形的属性进行设定后单击属性管理器上的【完成】命令按钮 ✔ 即可完成绘制。完成绘制后再双击此中心矩形，特征管理区会再次出现中心矩形的属性管理器，可对中心矩形的属性进行重新设定。

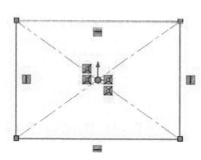

图 2-16　绘制中心矩形　　　　图 2-17　中心矩形的属性管理器

2.2.2.7　多边形

进入草图绘制界面后单击草图工具栏中的【多边形】命令按钮 ⊙ 或单击菜单栏中的【工具】|【草图绘制实体】|【多边形】命令，在草图适当的位置单击鼠标绘制多边形的中心点，再拖动鼠标到适当的位置单击，即可绘制出多边形，如图 2-18 所示。在特征管理区出现多边形的属性管理器，如图 2-19 所示。对多边形的属性进行设定后单击属性管理器上的【完成】命令按钮 ✔ 即可完成绘制。完成绘制后再双击此多边形，特征管理区会再次出现多边形的属性管理器，可对多边形的属性进行重新设定。

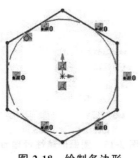

图 2-18　绘制多边形　　　　图 2-19　多边形的属性管理器

2.2.2.8 样条曲线

进入草图绘制界面后单击草图工具栏中的【样条曲线】命令按钮 ∿ 或单击菜单栏中的【工具】|【草图绘制实体】|【样条曲线】命令,在草图适当的位置单击鼠标绘制样条曲线的起点,拖动鼠标到适当的位置单击绘制样条曲线的形状和终点,即可绘制出样条曲线,如图 2-20 所示。在特征管理区出现样条曲线的属性管理器,如图 2-21 所示。对样条曲线的属性进行设定后单击属性管理器上的【完成】命令按钮 ✓ 即可完成绘制。完成绘制后再双击此样条曲线,特征管理区会再次出现样条曲线的属性管理器,可对样条曲线的属性进行重新设定。

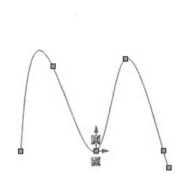

图 2-20 绘制样条曲线   图 2-21 样条曲线的属性管理器

2.2.2.9 文本

SolidWorks 2017 文本是建立在线条的基础上的,若要绘制文本,首先要绘制一个线条。进入草图绘制界面绘制基础线条后单击草图工具栏中的【文本】命令按钮 A 或单击菜单栏中的【工具】|【草图绘制实体】|【文本】命令,在特征管理区出现草图文字的属性管理器,如图 2-22 所示。在草图文字属性管理器曲线栏里选择线条,文字栏里输入要插入的文本,这里曲线栏里选择【样条曲线 1】,文字栏里输入【安徽信息工程学院】,单击属性管理器上的【完成】命令按钮 ✓ 即可完成绘制,效果如图 2-23 所示。完成绘制后再双击此文本,特征管理区会再次出现草图文字的属性管理器,可对文本的属性进行重新设定。

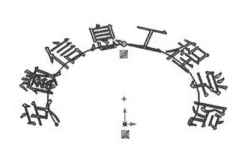

图 2-22 草图文字的属性管理器   图 2-23 输入文本效果

2.2.3　3D 草图绘制

3D 草图是指在不指定基准面的情况下创建草图。

2.2.3.1　3D 草图环境的进入

3D 草图的进入与 2D 草图的进入类似：单击工具栏中的【3D 草图绘制】命令按钮 **3D**，或单击菜单栏中的【插入】|【3D 草图绘制】命令即可进行 3D 草图绘制。

2.2.3.2　3D 草图工具

3D 草图工具与 2D 草图工具基本相同。

2.2.3.3　草图实体的创建

(1)创建 3D 直线

进入 3D 草图坏境后，单击【直线】命令按钮 ✏ 或单击菜单栏中的【工具】|【草图绘制实体】|【直线】命令，在适当的位置单击鼠标绘制直线的起点，拖动鼠标至终点后单击即可绘制出直线，如图 2-24 所示。在特征管理区出现 3D 直线的属性管理器，如图 2-25 所示。单击属性管理器上的【完成】命令按钮 ✔ 即可完成绘制。完成绘制后再双击此直线，特征管理区会再次出现 3D 直线的属性管理器，可对直线的属性进行重新设定。

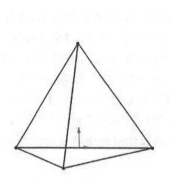

图 2-24　绘制 3D 直线　　　图 2-25　3D 直线的属性管理器

(2)创建 3D 圆

进入 3D 草图绘制环境后单击草图工具栏中的【圆】命令按钮 ○ 或单击菜单栏中的【工具】|【草图绘制实体】|【圆】命令，在适当的位置单击鼠标绘制圆的圆心，拖动鼠标到适当的位置单击即可绘制出圆，如图 2-26 所示。在特征管理区出现 3D 圆的属性管理器，如图 2-27 所示。对圆的属性进行设定后单击属性管理器上的【完成】命令按钮 ✔ 即可完成绘制。完成绘制后再双击此圆，特征管理区会再次出现 3D 圆的属性管理器，可对圆的属性进行重新设定。

(3)创建 3D 样条曲线

进入 3D 草图绘制环境后单击草图工具栏中的【样条曲线】命令按钮 ∿ 或单击菜单栏中的【工具】|【草图绘制实体】|【样条曲线】命令，在适当的位置单击鼠标绘制样条曲线的起点，

拖动鼠标到适当的位置单击绘制样条曲线的形状和终点,即可绘制出样条曲线,如图 2-28 所示。在特征管理区出现 3D 样条曲线的属性管理器,如图 2-29 所示。对样条曲线的属性进行设定后单击属性管理器上的【完成】命令按钮 ✔ 即可完成绘制。完成绘制后再双击此样条曲线,特征管理区会再次出现 3D 样条曲线的属性管理器,可对样条曲线的属性进行重新设定。

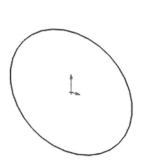

图 2-26　绘制 3D 圆

图 2-27　3D 圆的属性管理器

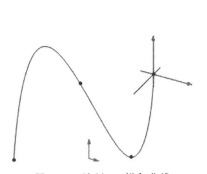

图 2-28　绘制 3D 样条曲线

图 2-29　3D 样条曲线的属性管理器

2.2.4　草图工具

　　草图工具是对草图的进一步编辑所用到的命令,也是草图绘制过程中不可缺少的命令。

2.2.4.1　创建圆角

　　创建圆角工具是在两个实体的交叉处裁剪掉角部分,从而生成一个切线弧,可用于直线之间、圆弧之间、直线与圆弧之间的倒圆角。

　　单击草图工具栏中的【圆角】命令按钮 或单击菜单栏中的【工具】|【草图工具】|【圆角】

命令。分别单击要倒圆角的两个实体,拖动鼠标到空白处单击即可绘制出圆角,如图 2-30 和图 2-31 所示。在特征管理区出现圆角的属性管理器,如图 2-32 所示。对圆角的属性设定完成后单击属性管理器上的【完成】命令按钮 ✓ 即可完成绘制。完成绘制后再双击此圆角,特征管理区会再次出现圆角的属性管理器,可对圆角的属性进行重新设定。

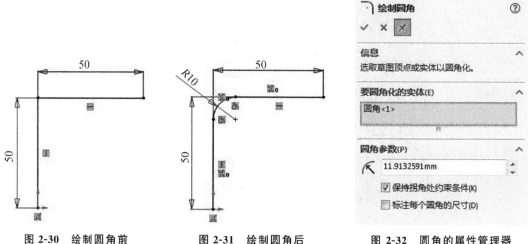

图 2-30　绘制圆角前　　　　图 2-31　绘制圆角后　　　　图 2-32　圆角的属性管理器

2.2.4.2　创建倒角

创建倒角工具是在两个实体的交叉处裁剪掉角部分,从而生成一个线段。

单击草图工具栏中的【倒角】命令按钮 ⌐ 或单击菜单栏中的【工具】|【草图工具】|【倒角】命令。分别单击要倒角的两个实体,拖动鼠标到空白处单击即可绘制出倒角,如图 2-33 和图 2-34 所示。在特征管理区出现倒角的属性管理器,如图 2-35 所示。对倒角的属性设定完成后单击属性管理器上的【完成】命令按钮 ✓ 即可完成绘制。完成绘制后再双击此倒角,特征管理区会再次出现倒角的属性管理器,可对倒角的属性进行重新设定。

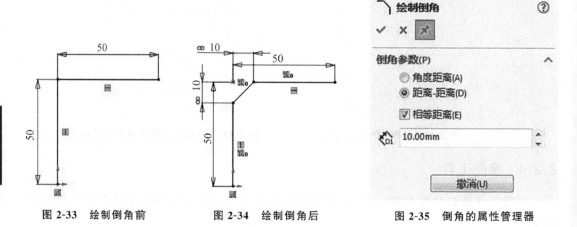

图 2-33　绘制倒角前　　　　图 2-34　绘制倒角后　　　　图 2-35　倒角的属性管理器

2.2.4.3　等距实体

等距实体是复制相同草图到一定距离的工具。

单击草图工具栏中的【等距实体】命令按钮 ⌐ 或单击菜单栏中的【工具】|【草图工具】|【等距实体】命令。在特征管理区出现等距实体的属性管理器,如图 2-36 所示。单击要等距

的实体,再对等距实体的参数进行设定,设定完成后单击属性管理器上的【完成】命令按钮 ✔ 即可完成绘制,如图 2-37 所示。

图 2-36 等距实体的属性管理器

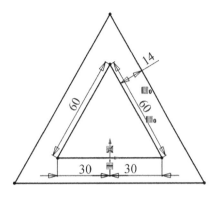

图 2-37 绘制等距实体

2.2.4.4 镜向

对于轴对称的草图只需要根据对称的程度绘制出二分之一或四分之一,再利用镜向工具即可得到完整的草图。

单击草图工具栏中的【镜向】命令按钮 ⅢH 或单击菜单栏中的【工具】|【草图工具】|【镜向】命令。在特征管理区出现镜向的属性管理器,如图 2-38 所示。单击属性管理器上的【要镜向的实体】后单击所要镜向的草图,再单击属性管理器上的【镜向点】,选择对称轴即可,最后单击【完成】命令按钮 ✔ 即可完成绘制,如图 2-39 和图 2-40 所示。

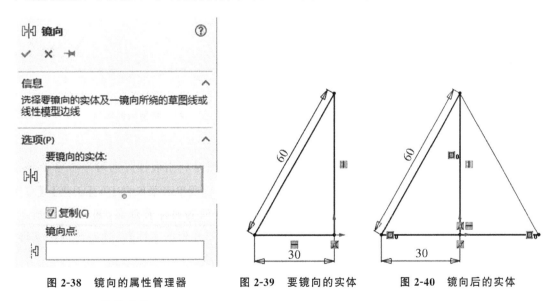

图 2-38 镜向的属性管理器　　图 2-39 要镜向的实体　　图 2-40 镜向后的实体

2.2.4.5 裁剪实体

单击草图工具栏中的【剪裁实体】命令按钮 ⅢH 或单击菜单栏中的【工具】|【草图工具】|【剪裁】命令,在特征管理区出现剪裁实体的属性管理器,如图 2-41 所示。属性管理器上出

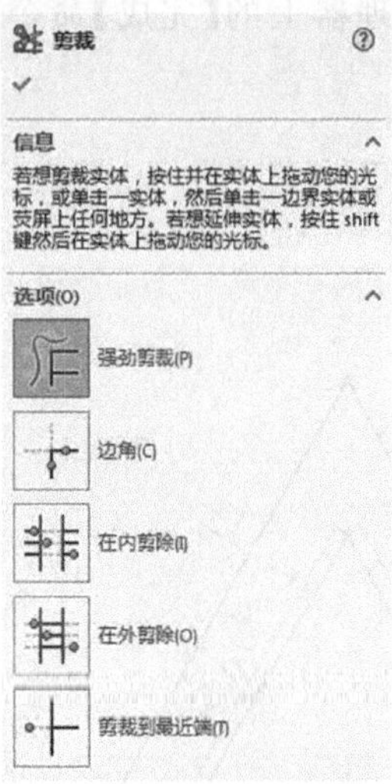

剪裁
②
✓

信息
若想剪裁实体,按住并在实体上拖动您的光标,或单击一实体,然后单击一边界实体或荧屏上任何地方。若想延伸实体,按住shift键然后在实体上拖动您的光标。

选项(O)

⟋⟍ 强劲剪裁(P)

⊤ 边角(C)

⋕ 在内剪除(I)

⋕ 在外剪除(O)

⋅⊤ 剪裁到最近端(T)

图 2-41 剪裁实体的属性
管理器

现几种裁剪方法:

（1）强劲剪裁

按住鼠标左键不放,移动鼠标滑过要裁剪的草图,实现多余草图的删除。

（2）边角

单击草图的交叉曲线或直线,再在交点处单击要裁剪的部分即可裁剪掉多余的草图。

（3）在内剪除

单击相互平行的曲线或直线,然后单击两平行线之间的线段实现删除作用。

（4）在外剪除

单击相互平行的曲线或直线,然后单击两平行线之外的线段实现删除作用。

（5）剪裁到最近端

单击选择要裁剪的草图实体,再单击要裁剪的部分,草图只能裁剪到交叉线段的最近端。

裁剪后单击属性管理器上的【完成】命令按钮 ✓ 即可完成裁剪,如图 2-42 和图 2-43 所示。

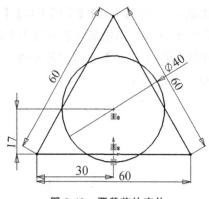

图 2-42 要裁剪的实体

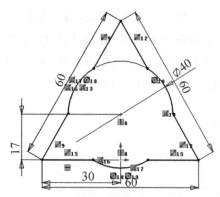

图 2-43 裁剪后的实体

2.2.4.6 线性草图阵列

对按照一定顺序排列的相同的多个草图,在绘制草图时利用线性阵列可以节省草图绘制时间。单击草图工具栏中的【线性草图阵列】命令按钮或单击菜单栏中的【工具】|【草图工具】|【线性阵列】命令,在特征管理区出现线性草图阵列的属性管理器,如图 2-44 所示。单击属性管理器上的【方向 1】选择阵列的方向,再单击【要阵列的实体】选择要阵列的实体,最后单击【完成】命令按钮 ✓ 即可完成绘制,如图 2-45 所示。

2.2.4.7 圆周草图阵列

单击草图工具栏中的【圆周草图阵列】命令按钮或单击菜单栏中的【工具】|【草图工具】|【圆周阵列】命令,在特征管理区出现圆周草图阵列的属性管理器,如图 2-46 所示。单击属性管理器上【参数】的第一栏选择圆周阵列的圆心,第二栏、第三栏、第四栏分别为圆心

坐标及阵列实体组成的角度,阵列后相同实体可以是等距的,也可以是不同半径的阵列,单击【等间距】【标注半径】和【标注角间距】进行选择。第五栏为阵列实体的数目,包括源阵列实体。第六栏为源阵列草图上一点与阵列圆心之间的距离。第七栏为上一步中两点组成的直线与X轴的角度。再单击属性管理器上的【要阵列的实体】选择要阵列的实体,选择【可跳过的实例】选项后该阵列为选择性阵列。最后单击【完成】命令按钮 ✓ 即可完成绘制,如图2-47和图2-48所示。

图2-44　线性草图阵列的
　　　　属性管理器

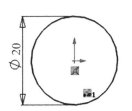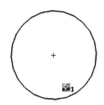

图2-45　线性阵列实体

图2-46　圆周阵列的
　　　　属性管理器

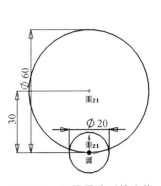

图2-47　要圆周阵列的实体

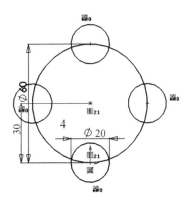

图2-48　圆周阵列后的实体

2.2.4.8　旋转

单击菜单栏中的【工具】|【草图工具】|【旋转】命令,在特征管理区出现旋转的属性管理器,如图2-49所示。单击属性管理器上的【要旋转的实体】选择要旋转的实体,单击【参数】里的【旋转中心】选择旋转中心,再单击 ⟲命令按钮定义旋转角度,最后单击【完成】命令按钮 ✓ 即可完成旋转,如图2-50和图2-51所示。

图 2-49　旋转的属性管理器

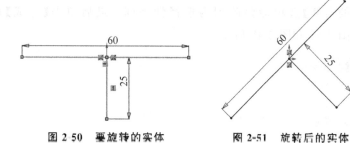

图 2-50　要旋转的实体　　图 2-51　旋转后的实体

2.2.4.9　复制

单击菜单栏中的【工具】|【草图工具】|【复制】命令,在特征管理区出现复制的属性管理器,如图 2-52 所示。单击属性管理器上的【要复制的实体】选择要复制的实体,单击【参数】里的【起点】选择复制的起点,拖动鼠标到适当的地方单击,最后单击【完成】命令按钮 ✓ 即可完成复制,如图 2-53 所示。

图 2-52　复制的属性管理器

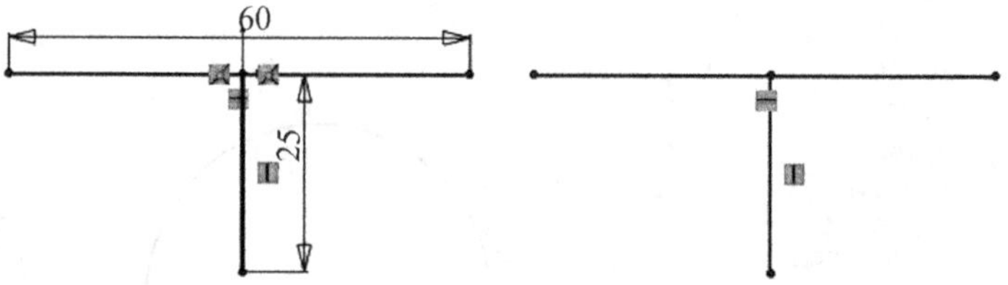

图 2-53　复制实体

2.2.4.10　移动

移动命令与复制命令操作相似,能够实现草图的自由移动。

单击草图工具栏中的【移动实体】命令按钮 或单击菜单栏中的【工具】|【草图工具】|【移动】命令,在特征管理区出现移动的属性管理器,如图 2-54 所示。单击属性管理器上的【要移动的实体】选择要移动的实体,单击【参数】里的【起点】选择移动的起点,拖动鼠标到适当的地方单击,最后单击【完成】命令按钮 ✓ 即可完成实体的移动。

2.2.5　草图尺寸标注

草图尺寸是确定草图大小及位置的重要依据,草图尺寸包括智能尺寸、水平尺寸、垂直尺寸、尺寸链。

2.2.5.1　线性尺寸标注

选择草图工具栏中的【智能尺寸】命令按钮 或单击菜单栏中的【工具】|【尺寸】|【智能尺寸】命令,单击所要标注的直线或分别单击直线的起点和终点,弹出直线长度数值修改对话框,如图 2-55 所示。修改后单击【修改】对话框上的【完成】命令按钮 ,特征管理区出现此直线尺寸的属性管理器,如图 2-56 所示。

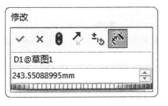

图 2-54　移动的属性管理器　　图 2-55　长度数值修改对话框　　图 2-56　线性尺寸属性管理器

2.2.5.2　角度尺寸标注

选择草图工具栏中的【智能尺寸】命令按钮 或单击菜单栏中的【工具】|【尺寸】|【智能尺寸】命令,依次单击两条直线或曲线,拖动鼠标到空白处单击,弹出角度数值修改对话框,如图 2-57 所示。修改后单击【修改】对话框上的【完成】命令按钮 ,特征管理区出现此角度尺寸的属性管理器,如图 2-58 所示。

图 2-57　角度数值修改对话框　　　　图 2-58　角度尺寸属性管理器

2.2.5.3　圆和圆弧尺寸标注

选择草图工具栏中的【智能尺寸】命令按钮 或单击菜单栏中的【工具】|【尺寸】|【智能尺寸】命令,单击圆或圆弧的轮廓,拖动鼠标到空白处单击,弹出圆或圆弧数值修改对话框,如图 2-59 所示,修改后单击【修改】对话框上的【完成】命令按钮 ,特征管理区出现此圆或圆弧尺寸的属性管理器,如图 2-60 所示。

图 2-59　圆或圆弧数值修改对话框

图 2-60　圆或圆弧尺寸属性管理器

2.2.6　几何关系

几何关系是指在绘制草图过程中各绘制实体或实体与基准面、轴、边线、短点之间的相对位置关系。

图 2-61　添加几何关系属性管理器

2.2.6.1　几何关系种类

SolidWorks 2017 中常见的几何关系有水平、垂直、平行、共线、相切、重合、相等、对称、同心、中点、交叉点、固定、穿透等。在绘制草图时软件会智能地列出所有可能的几何约束关系以供选择。

2.2.6.2　添加几何关系

添加几何关系可对草图进行约束条件的添加,可以减少草图的尺寸标注。

单击草图工具栏中的【添加几何关系】命令按钮⊥或单击菜单栏中的【工具】|【关系】|【添加】命令,特征管理区出现添加几何关系属性管理器,如图 2-61 所示。

2.2.6.3　显示/删除几何关系

【显示/删除几何关系】命令不能编辑几何关系,只能查看现有几何关系。

单击草图工具栏中的【显示/删除几何关系】命令按钮⊥或单击菜单栏中的【工具】|【关系】|【显示/删除】命令,即可查看现有几何关系。

2.2.7　草图状态分析

(1)完全定义

草图中所有线条的位置、大小等均由尺寸和几何关系定义完整。

(2)过定义

有些尺寸与尺寸、几何关系与几何关系或尺寸与几何关系之间产生冲突或多余。

（3）欠定义

草图中一些尺寸或几何关系未定义，可以随意改变或拖动。

（4）没有解

草图未解出，草图不能被解析出几何体、几何关系和尺寸。

（5）发现无效解

草图虽被解出，但得到无效的几何体，如零长度线段、零半径圆弧或自相交叉的样条曲线等。

 ## 2.3 实战演练

2.3.1 案例呈现

绘制图 2-62 所示图形。

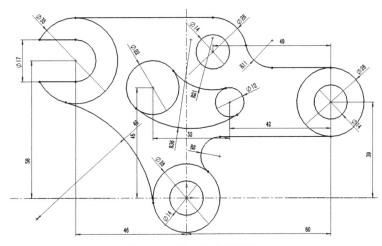

图 2-62 第 2 章案例图形

2.3.2 设计思路

该零件上圆较多，选取中间部分的其中一个圆的圆心为坐标原点，先绘制出所有外轮廓的圆。再绘制出外轮廓的直线，利用剪裁和倒角命令得到外轮廓。最后绘制里面的圆和圆弧。

2.3.3 实战步骤

步骤一：进入草图绘制界面，选择基准面，开始绘制

①进入草图绘制界面。

单击命令管理器中的【草图】，选择草图工具栏中的【草图绘制】命令按钮 ，进入草图绘制界面。

②选择基准面。

选择特征管理设计树中的前视基准面作为草图绘制平面。

步骤二：绘制草图

①选取坐标原点的位置。

选取最下面一个圆的圆心,作为坐标原点的位置。

②绘制基准线。

绘制图 2-63 所示的基准线,并设置基准线的长度为无限长。

图 2-63　无限长的基准线

③绘制轮廓线。

绘制出位于坐标原点的两个圆,并标注好尺寸,如图 2-64 所示。

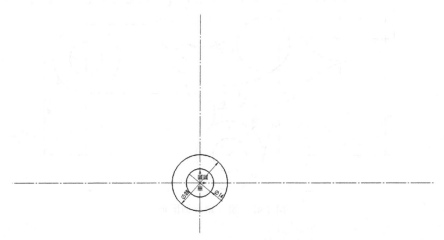

图 2-64　绘制出坐标原点处的圆

再利用复制命令,复制出同样的三个,如图 2-65 所示。

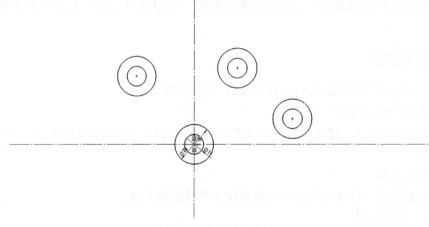

图 2-65　复制出多个圆

复制完成后,对复制得到的圆进行大小和位置的约束,并画出图中的两条切线,如图 2-66 所示。

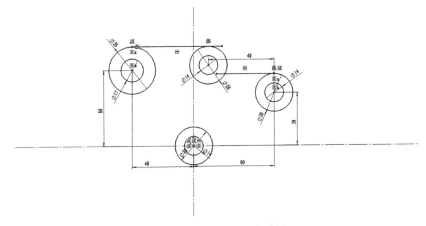

图 2-66 约束好复制出的圆

对上步中得到的草图进行裁剪和倒角,如图 2-67 所示。

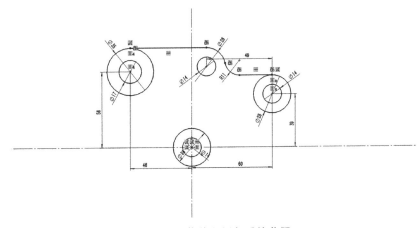

图 2-67 裁剪和倒角后的草图

再利用直线命令和切线弧命令画出图中的直线和圆弧,分别选中圆弧和圆,在属性管理器中选择相切后单击确定,约束后如图 2-68 所示。

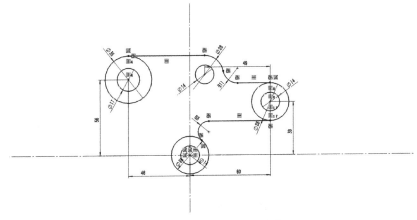

图 2-68 绘出直线和圆弧的草图

利用三点弧命令画出图中的弧线,在属性管理器中定义圆弧分别与两个圆相切,约束后如图 2-69 所示。

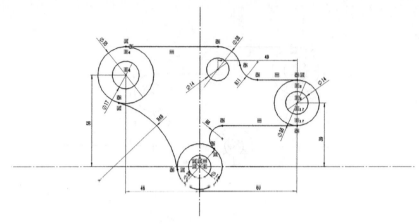

图 2-69　绘出三点弧的草图

绘制出图中的两条直线,与小圆相切、与大圆相交,如图 2-70 所示。

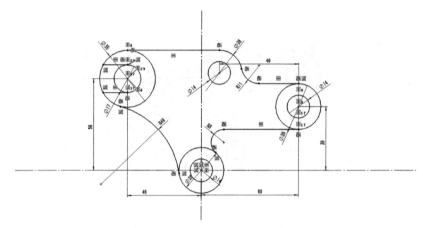

图 2-70　绘制两条直线后的草图

再利用剪裁命令,修剪草图,修剪后如图 2-71 所示。

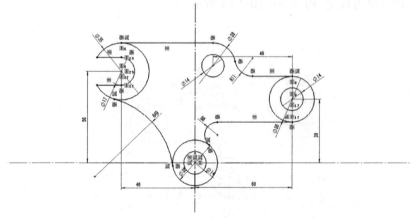

图 2-71　修剪后的草图

再绘制出草图中心的两个圆,如图 2-72 所示。

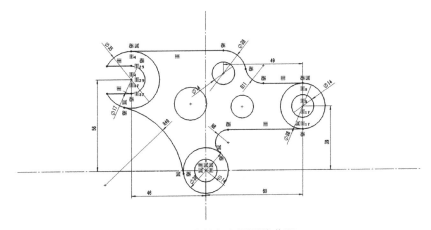

图 2-72　绘制出中间圆的草图

约束中间偏右圆的圆心,与最右边圆的圆心位置水平,再约束水平方向的尺寸和大小,如图 2-73 所示。

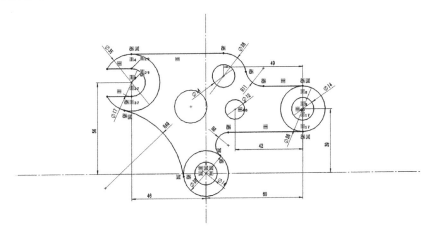

图 2-73　约束好一个圆的草图

再约束另一个圆的位置与大小,如图 2-74 所示。

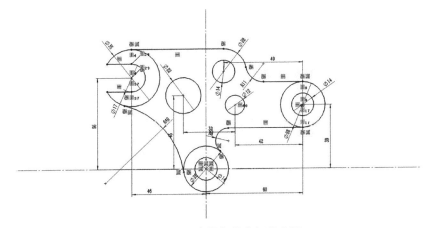

图 2-74　两个圆都约束好的草图

利用三点弧命令画出图中的两段圆弧,如图 2-75 所示。

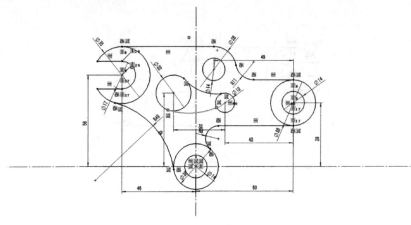

图 2-75 画出圆弧的草图

在属性管理器中定义两圆弧分别与两圆相切,再定义半径,草图绘制完成,如图 2-76 所示。

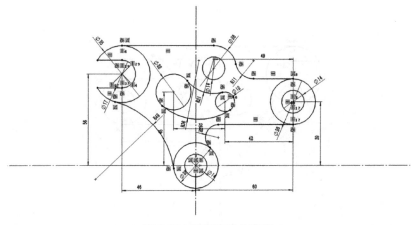

图 2-76 绘制完成的草图

步骤三:结束绘制

①退出草图。

绘制完成后单击草图右上角的退出命令按钮即可。

②保存。

选择【文件】|【保存】命令保存文件。

第 3 章 特 征 建 模

 ## 3.1 学习目标与重难点

本章主要介绍了特征建模所用到的特征命令,只有熟练地掌握每一个命令,才能使建模方便而快速。学习完本章后要能熟练建模,掌握建模技巧。

 ## 3.2 知识点解密

3.2.1 参考几何体

3.2.1.1 基准面

基准面的添加是为草图绘制选择一个合理的绘制平面,实现零件的准确定位。

单击命令管理器中的【特征】,选择特征工具栏中的【参考几何体】命令按钮 下面 ▾ 里的【基准面】命令 ,特征管理区出现基准面的属性管理器,如图 3-1 所示,进行基准面的添加。

基准面参考的选取可以是点、线、面中的任意一个,根据选取的不同,基准面的生成位置不同。当选点为参考时,参考点可以和基准面重合,也可以是基准面上投影的一点。属性管理器中出现参考点的设置界面,如图 3-2 所示。当选线为参考时,参考线可以与基准面垂直、重合,也可以是基准面的投影,属性管理器中出现参考线的设置界面,如图 3-3 所示。当选面为参考时,参考面可以与基准面垂直、平行、成一定角度,属性管理器中出现参考面的设置界面,如图 3-4 所示。

图 3-1 基准面的属性管理器

图 3-2 参考点的设置

图 3-3 参考线的设置

3.2.1.2　基准轴

单击命令管理器中的【特征】,选择特征工具栏中的【参考几何体】命令按钮 下面 ▾ 里的【基准轴】命令 ,特征管理区出现基准轴的属性管理器,如图 3-5 所示,进行基准轴的添加。

图 3-4　参考面的设置   图 3-5　基准轴的属性管理器

基准轴可以是实体上的直线、边线、轴、两相交平面的交线,也可以是两个点、平面的法线等。

3.2.1.3　坐标系

单击命令管理器中的【特征】,选择特征工具栏中的【参考几何体】命令按钮 下面 ▾ 里的【坐标系】命令 ,特征管理区出现坐标系的属性管理器,如图 3-6 所示,进行坐标系的添加。

参考系的创建选项有参考系原点、X 轴及 Y 轴,在已生成的特征中选择坐标系的原点、X 轴、Y 轴,生成坐标系。

3.2.1.4　点

单击命令管理器中的【特征】,选择特征工具栏中的【参考几何体】命令按钮 下面 ▾ 里的【点】命令 ,特征管理区出现点的属性管理器,如图 3-7 所示,进行点的添加。

图 3-6　坐标系的属性管理器   图 3-7　点的属性管理器

基准点可以是圆心、圆弧中心、面中心、交叉点、投影点等。

3.2.2　拉伸凸台/基体

完成草图绘制之后，单击命令管理器中的【特征】，在特征工具栏中单击【拉伸凸台/基体】命令按钮  或单击菜单栏中的【插入】|【凸台/基体】|【拉伸】命令，在特征管理区出现凸台-拉伸属性管理器，如图 3-8 所示，进行拉伸参数设置。

选择图 3-9 所示要拉伸的草图，进行相关参数设置后，效果如图 3-10 所示。

图 3-8　凸台-拉伸的属性管理器　　图 3-9　要拉伸的草图　　图 3-10　拉伸后的草图

（1）从

从是定义拉伸凸台/基体的起始位置，拉伸起始位置可通过命令按钮进行调节。拉伸起始位置选项有【草图基准面】【曲面/面/基准面】【顶点】【等距】。

（2）方向 1

方向 1 是定义拉伸凸台/基体的终止位置，拉伸方向可通过命令按钮进行调节，拉伸终止选项有【给定深度】【成形到一顶点】【成形到一面】【到离指定面指定的距离】【成形到实体】【两侧对称】。根据不同的成形场合选择不同的拉伸选项。

（3）方向 2

方向 2 为拉伸特征的第二个成形方向，选项内容与方向 1 相同。

（4）薄壁特征

选择薄壁特征，草图会被拉伸成有一定厚度的薄壁，厚度可以自由设定。

（5）所选轮廓

选择要进行拉伸特征的草图，当草图比较复杂时可进行部分草图的拉伸。

拉伸草图时根据不同的场合选择不同的方法，对应的参数在属性管理器中进行定义即可。

3.2.3　拉伸切除

拉伸切除是将材料从实体中切除，实现孔、洞等特征。

完成实体绘制之后，单击命令管理器中的【特征】，在特征工具栏中单击【拉伸切除】命令

按钮 🔟 或单击菜单栏中的【插入】|【切除】|【拉伸】命令,在特征管理区出现切除-拉伸属性管理器,如图 3-11 所示,进行拉伸切除参数设置。对一实体进行拉伸切除后的效果如图 3-12 所示。

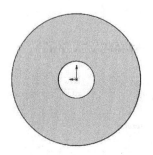

图 3-11   切除-拉伸的属性管理器   图 3-12   拉伸切除后的实体

（1）从

从是定义拉伸切除的起始位置,拉伸切除的起始位置可通过命令按钮进行调节。拉伸切除起始位置选项有【草图基准面】【曲面/面/基准面】【顶点】【等距】。

（2）方向 1

方向 1 是定义拉伸切除的终止位置,拉伸切除方向可通过命令按钮进行调节,拉伸切除终止选项有【给定深度】【完全贯穿】【成形到一顶点】【成形到下一面】【成形到一面】【到离指定面指定的距离】【成形到实体】【两侧对称】。根据不同的成形场合选择不同的拉伸切除选项。

（3）方向 2

方向 2 为拉伸切除的第二个成形方向,选项内容与方向 1 相同。

（4）薄壁特征

选择薄壁特征,草图会被拉伸切除成有一定厚度的薄壁,厚度可以自由设定。

（5）所选轮廓

选择要进行拉伸切除特征的草图,当草图比较复杂时可进行部分草图的拉伸切除。

拉伸切除时根据不同的场合选择不同的方法,对应的参数在属性管理器中进行定义即可。

3.2.4   旋转凸台/基体

单击命令管理器中的【特征】,在特征工具栏中单击【旋转凸台/基体】命令按钮 🍥,或单击菜单栏中的【插入】|【凸台/基体】|【旋转】命令,在特征管理区出现旋转属性管理器,如图 3-13 所示。

对图 3-14 所示要旋转的草图进行相关参数设置,效果如图 3-15 所示。

图 3-13　旋转的属性管理器

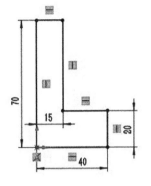

图 3-14　要旋转的草图

图 3-15　旋转后的实体

（1）旋转轴

一般为所要成形的实体的中轴线，可以是草图的中心线，也可以是一条直线。

（2）方向 1

方向 1 为终止选项设置和角度设置。

①终止选项设置：终止选项有【给定深度】【成形到一顶点】【成形到一面】【到离指定面指定的距离】【两侧对称】。根据不同的成形场合选择不同的终止选项。

②角度设置：旋转角度由模型的实际状况决定。

（3）方向 2

方向 2 中的选项内容与方向 1 的相同。

（4）所选轮廓

选择要旋转的草图轮廓。

旋转草图时根据不同的场合选择不同的方法，对应的参数在属性管理器中进行定义即可。

3.2.5　旋转切除

单击命令管理器中的【特征】，在特征工具栏中单击【旋转切除】命令按钮 🔖 ，或单击菜单栏中的【插入】|【切除】|【旋转】命令，在特征管理区出现切除-旋转属性管理器，如图 3-16 所示。

对一实体进行旋转切除后的效果如图 3-17 所示。

（1）旋转轴

一般为所要成形的实体的中轴线，可以是草图的中心线，也可以是一条直线。

（2）方向 1

方向 1 为终止选项设置和角度设置。

①终止选项设置：终止选项有【给定深度】【成形到一顶点】【成形到一面】【到离指定面指定的距离】【两侧对称】。根据不同的成形场合选择不同的选项。

图 3-16　切除-旋转的属性管理器　　　　图 3-17　旋转切除后的实体

②角度设置：旋转角度由模型的实际状况决定。

（3）方向 2

方向 2 中的选项内容与方向 1 的相同。

（4）所选轮廓

选择要旋转的草图轮廓。

旋转切除根据不同的场合选择不同的方法，对应的参数在属性管理器中进行定义即可。

3.2.6　扫描特征

单击命令管理器中的【特征】，在特征工具栏中单击【扫描】命令按钮 ，或单击菜单栏中的【插入】|【凸台/基体】|【扫描】命令，在特征管理区出现扫描属性管理器，如图 3-18 所示。

对图 3-19 所示草图进行扫描后，效果如图 3-20 所示。

图 3-18　扫描的属性管理器　　图 3-19　要扫描的草图　　图 3-20　扫描后得到的实体

（1）轮廓和路径

①轮廓：模型的截面草图，草图必须是封闭的环，构造几何体或开环不能构成扫描轮廓。

②路径:模型的中心线草图,草图可以是开环,也可以是闭环,但是路径不能出现自相交叉情况,且不能和轮廓在同一个草图中完成。

(2)引导线

引导线使得扫描后的模型更具精确性。

(3)起始处和结束处相切

起始处和结束处相切的类型为【无】【路径相切】两种。选择路径相切则使起始和终止位置更加平滑。

(4)薄壁特征

选择薄壁特征将生成具有一定厚度的薄壁模型。

扫描草图时根据不同的场合选择不同的方法,对应的参数在属性管理器中进行定义即可。

3.2.7 放样特征

单击命令管理器中的【特征】,在特征工具栏中单击【放样凸台/基体】命令按钮，或单击菜单栏中的【插入】|【凸台/基体】|【放样】命令,在特征管理区出现放样属性管理器,如图 3-21 所示。

对图 3-22 所示草图进行放样,放样后得到的实体如图 3-23 所示。

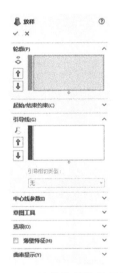
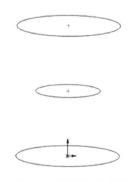

图 3-21　放样的属性管理器　　**图 3-22　要放样的草图**　　**图 3-23　放样后得到的实体**

(1)轮廓

放样的轮廓必须从上向下或从下向上依次选取,不得随意选择。

(2)起始/结束约束

此选项不用设置。

(3)引导线

引导线的引入增加了放样特征模型轮廓的精确性,且引导线必须单独绘制。

(4)中心线参数

中心线的引入可以省略一定数量的草图轮廓绘制。

（5）草图工具

可以进行草图的移动。

（6）选项

一般不做修改。

（7）薄壁特征

选择薄壁特征将生成具有一定厚度的薄壁模型。

（8）曲率显示

显示曲面部分的曲率。

放样时根据不同的场合选择不同的方法，对应的参数在属性管理器中进行定义即可。

3.2.8 孔特征

单击命令管理器中的【特征】，在特征工具栏中单击【异型孔向导】命令按钮，或单击菜单栏中的【插入】|【特征】|【孔向导】命令，在特征管理区出现异型孔向导属性管理器，如图 3-24 所示。对一实体打孔后的效果如图 3-25 所示。

（1）类型

①孔类型：主要有柱形沉头孔、锥形沉头孔、孔、直螺纹孔、锥形螺纹孔、旧制孔等。

②孔规格：按照孔类型设置，【大小】表示孔的实际成形大小，【配合】中包含【紧密】【正常】和【松弛】三种配合。

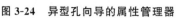

图 3-24　异型孔向导的属性管理器

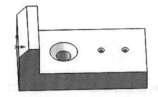

图 3-25　打孔后的实体

③终止条件：包含【给定深度】【完全贯穿】【成形到下一面】【成形到一顶点】【成形到一面】【到离指定面指定的距离】。

④选项。

螺钉间隙：螺钉与螺纹孔配合时，螺钉上表面与孔上端面之间的距离。

近端锥孔：用来定义锥形孔的尺寸及角度，从而确定近端锥孔的特征。

螺钉下锥孔：定义螺钉开口大小和角度。

远端锥孔：定义锥形孔的最大开口尺寸及角度。

（2）位置

定义生成孔的位置。

①选择面：选择孔所在的面，单击定义孔所在的位置，然后添加尺寸。

②3D 草图：多个面生成孔时，3D 草图可以快速地定义孔的位置，无须进行草图切换。

打孔时根据不同场合选择不同的方法，对应的参数在属性管理器中进行定义即可。

3.2.9　圆角特征

单击命令管理器中的【特征】，在特征工具栏中单击【圆角】命令按钮 🔘，或单击菜单栏中的【插入】|【特征】|【圆角】命令，在特征管理区出现圆角属性管理器，如图 3-26 所示。

对图 3-27 所示实体圆角后的效果如图 3-28 所示。

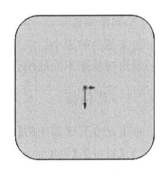

图 3-26　圆角的属性管理器　　**图 3-27　要圆角的实体**　　**图 3-28　圆角后的实体**

（1）圆角类型

圆角的类型有恒定大小圆角、变量大小圆角、面圆角和完整圆角。

（2）要圆角化的项目

单击第一栏选择要圆角化的项目。

（3）圆角参数

定义圆角的大小。

圆角时根据不同的场合选择不同的方法，对应的参数在属性管理器中进行定义即可。

3.2.10　倒角特征

单击命令管理器中的【特征】，在特征工具栏中单击【倒角】命令按钮 🔷，或单击菜单栏中的【插入】|【特征】|【倒角】命令，在特征管理区出现倒角属性管理器，如图 3-29 所示。

对图 3-30 所示实体倒角后的效果如图 3-31 所示。

（1）倒角类型

倒角的类型包括角度距离、距离距离、顶点、等距面和面-面。

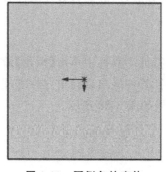

图 3-29　倒角的属性管理器　　　图 3-30　要倒角的实体　　　图 3-31　倒角后的实体

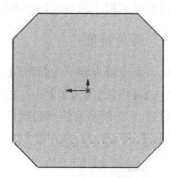

（2）要倒角化的项目

单击第一栏，选择要倒角化的项目。

（3）倒角参数

定义倒角的大小。

倒角时根据不同的场合选择不同的方法，对应的参数在属性管理器中进行定义即可。

3.2.11　筋特征

单击命令管理器中的【特征】，在特征工具栏中单击【筋】命令按钮 🦴，或单击菜单栏中的【插入】|【特征】|【筋】命令，在特征管理区出现筋属性管理器，如图 3-32 所示。

对图 3-33 所示实体绘制筋，效果如图 3-34 所示。

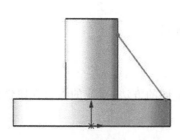

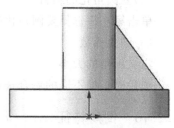

图 3-32　筋的属性管理器　　　图 3-33　要绘制筋的实体　　　图 3-34　筋绘制完成的实体

（1）参数

定义筋的拉伸方向和厚度。

（2）所选轮廓

选择生成筋的草图。

生成筋时根据不同的场合选择不同的方法，对应的参数在属性管理器中进行定义即可。

3.2.12 拔模特征

单击命令管理器中的【特征】,在特征工具栏中单击【拔模】命令按钮 ,或单击菜单栏中的【插入】|【特征】|【拔模】命令,在特征管理区出现拔模的属性管理器,如图 3-35 所示。

对图 3-36 所示实体拔模,效果如图 3-37 所示。

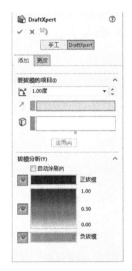

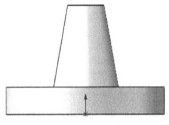

图 3-35 拔模的属性管理器　　图 3-36 要拔模的实体　　图 3-37 拔模后的实体

①拔模角度:定义拔模的角度。

②拔模方向:定义拔模的方向。

③要拔模的面:选择要拔模的面。

拔模时根据不同的场合选择不同的方法,对应的参数在属性管理器中进行定义即可。

3.2.13 抽壳特征

单击命令管理器中的【特征】,在特征工具栏中单击【抽壳】命令按钮 ,或单击菜单栏中的【插入】|【特征】|【抽壳】命令,在特征管理区出现抽壳的属性管理器,如图 3-38 所示。

对图 3-39 所示实体抽壳,效果如图 3-40 所示。

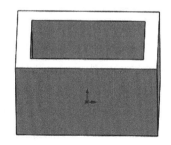

图 3-38 抽壳的属性管理器　　图 3-39 要抽壳的实体　　图 3-40 抽壳后的实体

(1)参数

定义壳的厚度和要移除的面。

（2）多厚度设定

定义壳的不同面的不同厚度。

抽壳时根据不同的场合选择不同的方法,对应的参数在属性管理器中进行定义即可。

3.2.14 包覆

单击命令管理器中的【特征】,在特征工具栏中单击【包覆】命令按钮 ,或单击菜单栏中的【插入】|【特征】|【包覆】命令,在特征管理区出现包覆的属性管理器,如图 3-41 所示。

对图 3-42 所示实体包覆,效果如图 3-43 所示。

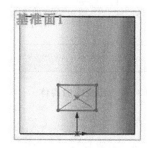

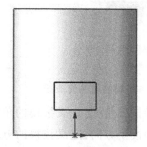

图 3-41　包覆的属性管理器　　　图 3-42　要包覆的实体　　　图 3-43　包覆后的实体

（1）包覆类型

包覆的类型有浮雕、蚀雕和刻画。

（2）包覆方法

包覆的方法有分析和样条曲线。

（3）包覆参数

在包覆参数里选择要包覆的面和基准面以及包覆尺寸。

包覆时根据不同的场合选择不同的方法,对应的参数在属性管理器中进行定义即可。

3.2.15 圆顶特征

单击命令管理器中的【特征】,在特征工具栏中单击【圆顶】命令按钮 ,或单击菜单栏中的【插入】|【特征】|【圆顶】命令,在特征管理区出现圆顶的属性管理器,如图 3-44 所示。

对图 3-45 所示实体圆顶,效果如图 3-46 所示。

参数如下:

选择面:选择要创建圆顶的面。

距离:创建圆顶的高度。

约束点或草图:选择包含点的草图来约束草图的形状以控制圆顶。

方向:选择线性边线或由两点组成的向量,来控制拉伸的方向。

圆顶时根据不同的场合选择不同的方法,对应的参数在属性管理器中进行定义即可。

图 3-44　圆顶的属性管理器

图 3-45　要圆顶的实体

图 3-46　圆顶后的实体

 ## 3.3　实战演练

3.3.1　案例呈现

绘制图 3-47 所示图形。

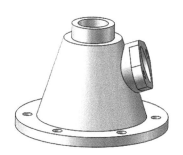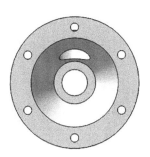

图 3-47　第 3 章案例图形

3.3.2　设计思路

该零件可看作一个大回转体和一个小回转体相结合的产物,以底板上回转体的回转中心为原点,利用旋转命令得到大回转体,在大回转体的基础上建立参考系,绘制小回转体,最后再利用旋转切除命令绘制大回转体的内部结构。

3.3.3　实战步骤

单击命令管理器中的【草图】,选择草图工具栏中的【草图绘制】命令按钮 ，进入草图绘制。选择特征管理设计树中的前视基准面作为草图绘制平面,进入草图绘制界面。绘制出图 3-48 所示的草图。

利用旋转命令旋转成图 3-49 所示的实体。

建立图 3-50 所示的基准面,基准面与实体侧面的母线平行且距离为 12 mm。

在基准面上绘制图 3-51 所示的草图。

利用拉伸命令,拉伸成图 3-52 所示的草图,拉伸距离为基准面到旋转体的中心位置。

再次在基准面上绘制图 3-53 所示的草图。

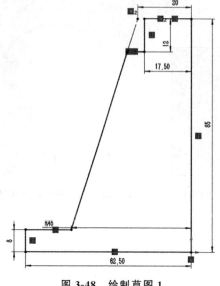

图 3-48 绘制草图 1

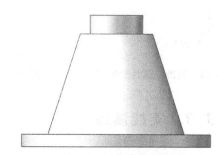

图 3-49 旋转成的实体

图 3-50 建立基准面

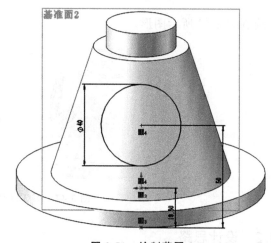

图 3-51 绘制草图 2

图 3-52 绘制实体 1

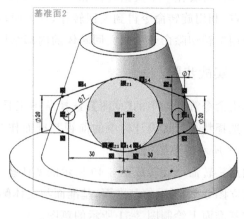

图 3-53 绘制草图 3

利用拉伸命令向实体方向拉伸,拉伸距离为 8 mm,拉伸后如图 3-54 所示。

在基准面上绘制图 3-55 所示的草图。

利用拉伸切除命令,切除成图 3-56 所示的孔。

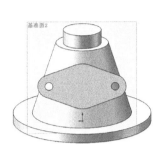 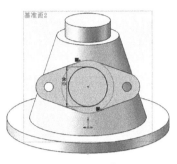 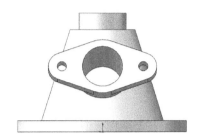

图 3-54　拉伸后的实体　　　　　图 3-55　绘制草图 4　　　　　图 3-56　切除后的草图

在前视基准面上绘制图 3-57 所示的草图。

利用旋转切除命令,得到图 3-58 所示的实体。

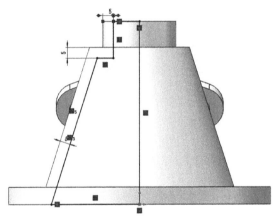 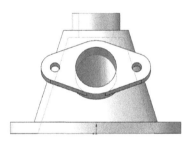

图 3-57　绘制草图 5　　　　　　　　　　图 3-58　绘制实体 2

在上视基准面上绘制图 3-59 所示的草图。

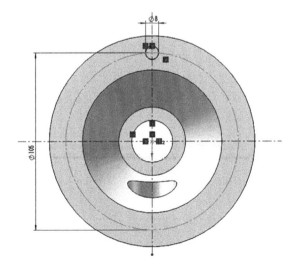

图 3-59　绘制草图 6

利用拉伸切除命令得到图 3-60 所示的实体。

利用圆周阵列命令得到图 3-61 所示的实体。

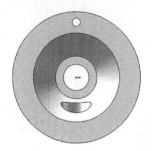

图 3-60　绘制实体 3

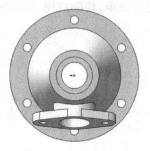

图 3-61　绘制实体 4

绘制完成后单击退出命令按钮即可完成。

第4章 特征编辑与设置

4.1 学习目标与重难点

本章主要介绍了特征阵列、特征镜像和设计库,需要重点掌握线性阵列、圆周阵列和设计库的使用。学习完本章后,学生能更加熟练地建模,提高建模效率。

4.2 知识点解密

4.2.1 特征阵列

阵列特征可以利用一个源实体创建出多个实体,提高建模效率。阵列特征也是三维建模中常用的特征编辑之一。

4.2.1.1 线性阵列

线性阵列能够实现沿一个或两个线性路径阵列一个或多个特征。

单击命令管理器中的【特征】,选择特征工具栏中的【线性阵列】命令按钮 或选择【插入】|【阵列/镜像】|【线性阵列】命令,在特征管理区出现线性阵列的属性管理器,如图 4-1 所示。

对一个实体线性阵列后的效果如图 4-2 所示。

图 4-1　线性阵列的属性管理器

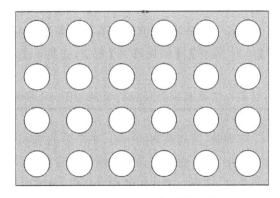

图 4-2　线性阵列得到的实体

45

（1）方向 1

①阵列方向：选择特征中的一条边线或基准线，单击按钮↗可以改变线性阵列的方向。

②间距：定义阵列特征中相邻特征之间的距离。

③实例数：将要阵列的特征个数，其中包括源阵列特征。

（2）方向 2

方向 2 的设置与方向 1 的设置相同。

（3）特征和面

①特征：选择要阵列的特征，如拉伸凸台/基体、拉伸、切除、旋转凸台/基体、旋转切除、扫描等。

②面：选择特征中的一个面，也可以选择特征的所有面，作为要阵列的面。

（4）实体

选择要阵列的特征，如拉伸凸台/基体、拉伸、切除、旋转凸台/基体、旋转切除、扫描等。实体不能与特征和面同时勾选。

（5）可跳过的实例

单击【可跳过的实例】选项框，在图形区单击已经选择的阵列特征，在线性阵列中该特征将被取消，实现选择性的阵列。

（6）选项

单击勾选【选项】中的项目，对线性阵列起到补充的作用，一般选择软件默认。

①"随形变化"：允许阵列在复制时更改其尺寸。

②几何体阵列：使用源特征的完全副本生成阵列，源特征的单个实例将不参加阵列，终止条件和计算将被忽略，该选项可以加速阵列的生成和重建。

③延伸视象属性：将 SolidWorks 2017 中的颜色、纹理和装饰螺纹数据延伸给所有的阵列实例。

④完整预览：预览特征生成所有的细节。

⑤部分预览：预览特征生成后的轮廓特征，作为特征生成的参考。

单击线性阵列属性管理器中的按钮✔，完成设置。

4.2.1.2 圆周阵列

圆周阵列就是绕一轴心阵列一个或多个特征，圆周阵列常见于回转体类零件特征建模中。

单击命令管理器中的【特征】，选择特征工具栏中的【圆周阵列】命令按钮🔡或选择【插入】|【阵列/镜像】|【圆周阵列】命令，在特征管理区出现圆周阵列的属性管理器，如图 4-3 所示。

对某一实体圆周阵列后的效果如图 4-4 所示。

（1）方向 1

①阵列轴：圆周阵列的中心，单击↻按钮可以改变阵列的方向。圆周阵列中，阵列轴可以选择一条边线，也可以选择基准轴或临时轴。

②角度：阵列元素之间的相对角度，角度值在 0 度到 360 度之间选取。

③实例数：阵列的数目，该数目包含源阵列。

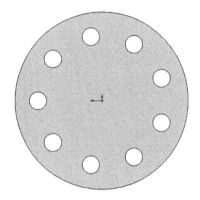

图 4-3　圆周阵列的属性管理器　　　图 4-4　圆周阵列得到的实体

（2）方向 2

方向 2 的设置与方向 1 的设置相同。

（3）特征和面

①特征：选择要阵列的特征，如拉伸凸台/基体、拉伸、切除、旋转凸台/基体、旋转切除、扫描等。

②面：选择特征中的一个面，也可以选择特征的所有面作为要阵列的面。

（4）实体

选择要阵列的特征，如拉伸凸台/基体、拉伸、切除、旋转凸台/基体、旋转切除、扫描等。实体不能与特征和面同时勾选。

（5）可跳过的实例

单击【可跳过的实例】选项框，在图形区单击已经选择的阵列特征，在圆周阵列中该特征将被取消，实现选择性的阵列。

（6）选项

选项部分的内容与线性阵列的基本相同。

单击圆周阵列属性管理器中的按钮 ✔，完成设置。

4.2.1.3　草图驱动的阵列

草图驱动的阵列是使用草图点来指定特征的阵列，在整个阵列中源特征复制到草图中的每个点。

单击命令管理器中的【特征】，选择特征工具栏中的【草图驱动的阵列】命令按钮 ，或选择【插入】|【阵列/镜像】|【草图驱动的阵列】命令，在特征管理区出现由草图驱动的阵列属性管理器，如图 4-5 所示。

对某一实体进行由草图驱动的阵列，效果如图 4-6 所示。

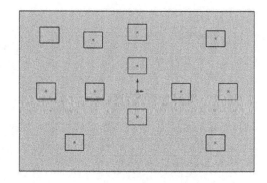

图 4-5 由草图驱动的阵列属性管理器　图 4-6 由草图驱动的阵列得到的实体

（1）选择

在参考草图中选择已绘制的草图，参考点可以选取草图的重心或自由选择草图中的点。

（2）特征和面

①特征：要阵列的特征和面与线性阵列中的设置相同，选取模型特征中要阵列的特征。

②面：选择特征中的一个面，也可以选择特征的所有面作为要阵列的面。

（3）实体

选择要阵列的实体。选择此选项时特征和面将不能选。

（4）选项

①几何体阵列：使用源特征的完全副本生成阵列，源特征的单个实例将不参加阵列，终止条件和计算将被忽略，该选项可以加速阵列的生成和重建。

②延伸视象属性：将 SolidWorks 2017 中的颜色、纹理和装饰螺纹数据延伸给所有的阵列实例。

③完整预览：预览特征生成所有的细节。

④部分预览：预览特征生成后的轮廓特征，作为特征生成的参考。

单击由草图驱动的阵列属性管理器中的按钮 ✓，完成设置。

4.2.1.4　曲线驱动的阵列

利用曲线驱动的阵列工具可以沿平面或 3D 曲线生成阵列，可以使用任何草图线段，或平面的面和边线。

单击命令管理器中的【特征】，单击特征工具栏中的【曲线驱动的阵列】命令按钮 ，或选择【插入】|【阵列/镜像】|【曲线驱动的阵列】命令，在特征管理区出现曲线驱动的阵列属性管理器，如图 4-7 所示。

对某一实体进行由曲线驱动的阵列，效果如图 4-8 所示。

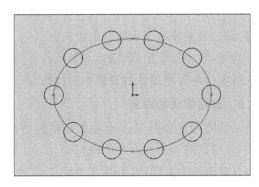

图 4-7　曲线驱动的阵列属性管理器　　　图 4-8　由曲线驱动的阵列得到的实体

（1）方向 1

方向 1 中包含曲线驱动的阵列的最基本设置，即阵列方向、实例数、间距、曲线方法、对齐方法和面法线。

①阵列方向：定义阵列特征放置的位置，单击按钮可以改变阵列的方向。

②实例数：定义要阵列特征的数目，其中包括源阵列特征，数目可以修改。

③间距：相邻阵列特征之间的距离，数值根据模型形状特点进行修改，不设置间距值则等间距使用。

④曲线方法：转换曲线是指每个实例从所选曲线原点到源特征的 X 轴和 Y 轴的距离均得以保留，等距曲线是指每个实例从所选曲线原点到源特征的垂直距离得以保留。

⑤对齐方法：与曲线相切表示实体的阵列方向与曲线相切，对齐到源表示实例与源特征的对齐方法相同。

⑥面法线：只针对 3D 曲线，选取 3D 所在的面来生成曲线驱动的阵列。

（2）方向 2

方向 2 的设置与方向 1 的设置相同。

（3）特征和面

①特征：选择要阵列的特征，如拉伸凸台/基体、拉伸、切除、旋转凸台/基体、旋转切除、扫描等。

②面：选择特征中的一个面，也可以选择特征的所有面作为要阵列的面。

（4）实体

选择要阵列的特征，如拉伸凸台/基体、拉伸、切除、旋转凸台/基体、旋转切除、扫描等。实体不能与特征和面同时勾选。

（5）可跳过的实例

单击【可跳过的实例】选项框，在图形区单击已经选择的阵列特征，在曲线驱动的阵列中该特征将被取消，实现选择性的阵列。

（6）选项

单击勾选【选项】中的项目，对线性阵列起到补充的作用，一般选择软件默认。

①随形变化：允许阵列在复制时更改其尺寸。

②几何体阵列：使用源特征的完全副本生成阵列，源特征的单个实例将不参加阵列，终止条件和计算将被忽略，该选项可以加速阵列的生成和重建。

③延伸视象属性：将 SolidWorks 2017 中的颜色、纹理和装饰螺纹数据延伸给所有的阵列实例。

④完整预览：预览特征生成所有的细节。

⑤部分预览：预览特征生成后的轮廓特征，作为特征生成的参考。

单击曲线驱动的阵列属性管理器中的按钮 ✔，完成设置。

4.2.1.5 表格驱动的阵列

表格驱动的阵列是利用 X、Y 坐标指定阵列特征，孔特征的阵列是表格驱动的阵列中最常见的应用，也可以阵列如凸台等的源特征。

单击命令管理器中的【特征】，单击特征工具栏中的【表格驱动的阵列】命令按钮 ▦，或选择【插入】|【阵列/镜像】|【表格驱动的阵列】命令，在特征管理区出现【由表格驱动的阵列】对话框，如图 4-9 所示。

对某一实体进行由表格驱动的阵列，效果如图 4-10 所示。

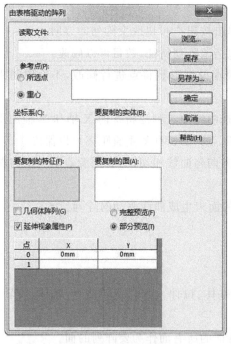

图 4-9 【由表格驱动的阵列】对话框

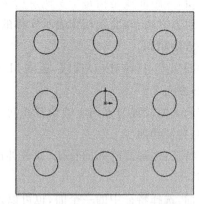

图 4-10 由表格驱动的阵列得到的实体

（1）读取文件

输入带 X、Y 坐标的阵列表或文字文件，单击【浏览】按钮可以选取一个阵列表文件或文字文件来输入现有的 X、Y 坐标，同时也可在属性管理器的最底栏输入点 X、Y 的坐标值，单击【保存】按钮或【另存为】按钮，保存为阵列表文件。

注意：用于表格驱动的阵列的文本文件应只包含两个列，即左列用于 X 坐标，右列用于 Y 坐标。两个列应由一个分隔符分开，如空格、逗号或制表符，可在同一文本文件中使用不同分隔符组合。不要在文本文件中包括任何其他信息，避免引发输入失败。

（2）参考点

参考点是放置在阵列实例上的一点，参考点可以在草图中选取，也可以指定为源特征的重心。

（3）坐标系

进行表格驱动的阵列时，坐标系是必须创建的特征，它决定了阵列特征的 X、Y 坐标值。

（4）要复制的实体、特征及面

三者的选项与线性阵列时的设置相同，在图形区选择需要的实体、特征或面。

（5）其他选项

几何体阵列、延伸视象属性、完整预览和部分预览的设置与线性阵列的相同，根据实际需要勾选相应选项。

（6）阵列表

阵列表第一行的数值表示参考点的坐标值，此项不可被修改。分别双击点 1 的 X 和 Y 坐标值框，修改坐标数值，按键盘上的 Enter 键可以添加点 2 的坐标值，数值设置方法同点 1。创建更多的点时，在前一个点的坐标设置完成后，按 Enter 键即可。阵列表记录阵列特征相对于源阵列的位置，在图形区可以预览表格驱动的阵列结果。

（7）保存或另存为

单击【由表格驱动的阵列】对话框中的【保存】或【另存为】按钮，可以将新输入的阵列表保存，以后可以直接调用。

单击【确定】按钮，完成由表格驱动的阵列的设置。

4.2.1.6 填充阵列

填充阵列使用特征阵列或预定义的切割形状来填充定义的区域，可以选择由共有平面的面定义的区域或位于共有平面的面上的草图。

单击命令管理器中的【特征】，单击特征工具栏中的【填充阵列】命令按钮，或选择【插入】|【阵列/镜像】|【填充阵列】命令，在特征管理区出现填充阵列属性管理器，如图 4-11 所示。

对某一实体进行填充阵列的效果如图 4-12 所示。

（1）填充边界

填充边界选择面，或平面草图，或平面曲线。

（2）阵列布局

阵列布局包含穿孔、圆周、方形、多边形等，各个布局的设置选项略有不同，通过选择顶点与否可以定义不同的阵列结果。

①穿孔：专门针对钣金穿孔阵列设计的，穿孔定义实例间距、交错断续角度、边距、阵列方向，参数的设置将阵列特征完全定义，创建更快捷。

②圆周：以同心网格上重复的图案填充任意区域，定义环间距、实例边距、边距、阵列方向。

51

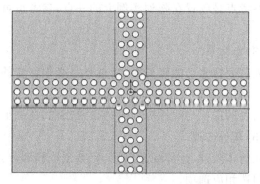

图 4-11　填充阵列属性管理器　　　　　图 4-12　填充阵列得到的实体

③方形：同样是以同心网格上重复的图案填充任意区域，定义环间距、实例间距、边距、阵列方向。

④多边形：与圆周、方形相同，以同心网格上重复的图案填充任意区域，定义环间距、多边形边、实例间距、边距、阵列方向。

（3）特征和面

①特征：选择要阵列的特征，如拉伸凸台/基体、拉伸、切除、旋转凸台/基体、旋转切除、扫描等。

②面：选择特征中的一个面，也可以选择特征的所有面作为要阵列的面。

（4）实体

选择要阵列的特征，如拉伸凸台/基体、拉伸、切除、旋转凸台/基体、旋转切除、扫描等。实体不能与特征和面同时勾选。

（5）可跳过的实例

单击【可跳过的实例】选项框，在图形区单击已经选择的阵列特征，在填充阵列中该特征将被取消，实现选择性的阵列。

（6）选项

①随形变化：允许阵列在复制时更改其尺寸。

②几何体阵列：使用源特征的完全副本生成阵列，源特征的单个实例将不参加阵列，终止条件和计算将被忽略，该选项可以加速阵列的生成和重建。

③延伸视象属性：将 SolidWorks 2017 中的颜色、纹理和装饰螺纹数据延伸给所有的阵列实例。

④完整预览：预览特征生成所有的细节。

⑤部分预览：预览特征生成后的轮廓特征，作为特征生成的参考。

单击填充阵列属性管理器中的按钮 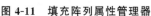，完成设置。

4.2.2 特征镜像

特征镜像是沿面或基准面镜像,生成一个或多个特征的复制,可以选择特征或构成特征的面。

单击命令管理器中的【特征】,选择特征工具栏中的【镜向】命令按钮 ，或选择菜单栏中的【插入】|【阵列/镜像】|【镜向】命令,在特征管理区出现镜向属性管理器,如图 4-13 所示。

对某一实体进行镜像的效果如图 4-14 所示。

图 4-13 镜向属性管理器

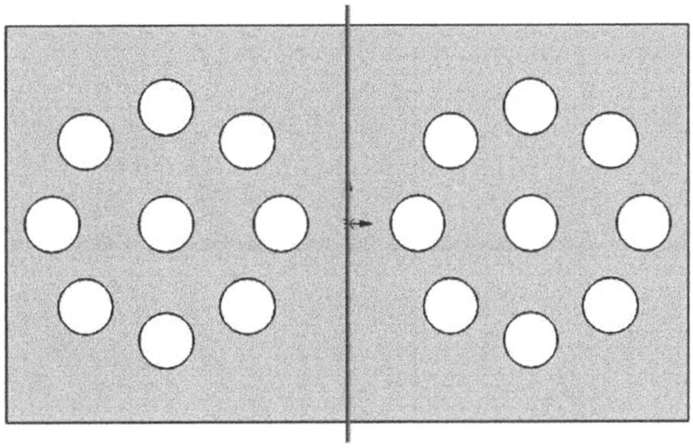

图 4-14 镜像得到的实体

(1)镜向面/基准面

选择已经成形的特征的一个面或已建立的基准面,特征将以选择的镜像面或基准面复制特征。

(2)要镜向的特征

选择一个或多个特征,该特征为源镜像特征。

(3)要镜向的面

选择一个或多个面,其为源镜像面。

(4)要镜向的实体

选择整个实体,该实体将沿镜像面或基准面生成一相同的实体。

(5)选项

【选项】中包含【几何体阵列】【延伸视象属性】【完整预览】和【部分预览】等,在选择要镜像的实体选项时,选项将合并实体或缝合曲面,各个选项的作用不同。

①几何体阵列:使用源特征的完全副本生成阵列,源特征的单个实例将不参与阵列,终止条件和计算将被忽略,该选项可以加速阵列的生成和重建,但只可用于要镜像的特征或要镜像的面。

②延伸视象属性:将 SolidWorks 中的颜色、纹理和装饰螺纹数据延伸给所有的阵列实例。

③完整预览:预览特征生成后所有的细节。

④部分预览:预览特征生成后的轮廓特征,作为特征生成的参考。

单击镜向属性管理器中的按钮 ✔,完成设置。

4.2.3 设计库

设计库的引入省略了标准零部件的创建,SolidWorks 2017 设计库中的标准零部件更符合国家标准,对机械设计的过程更具有针对性,实用性更强。设计库提供了可重用的单元,如草图、零件或装配体等,它不识别不可重用单元,如 SolidWorks 文件、SolidWorks 工程图或文本文件。

4.2.3.1 设计库工具简介

启动 SolidWorks 2017 后,设计库位于 SolidWorks 界面右端,如图 4-15 所示。

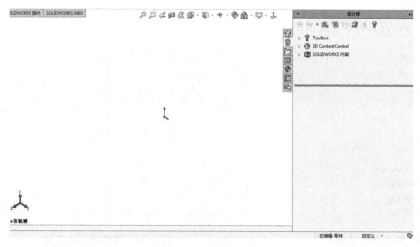

图 4-15　设计库的位置

SolidWorks 2017 设计库中存储的文件使 SolidWorks 的建模功能更加强大,各个部分体现不同的功能作用。

(1)Toolbox

Toolbox 是标准零部件库,里面包含了大量的标准件,使用时直接调用即可。

(2)3D ContentCentral

3D ContentCentral 中包含了所有主要 CAD 格式的零部件供应商和个人的 3D 模型,左键单击 3D ContentCentral 进行供应商内容和用户库的访问。

(3)SOLIDWORKS 内容

SOLIDWORKS 内容包括块、routing、Circuit works 及焊件等,按 Ctrl＋左键可以下载.zip 文件。

4.2.3.2 设计库零件调用

在 SolidWorks 2017 机械设计中对标准件的调用比较常见,可省略标准件的建模过程;用设计库中的零部件,可进行编辑和保存。以下是圆柱滚子轴承调用过程。

(1)圆柱滚子轴承的选择

圆柱滚子轴承从 Toolbox 中调用,单击【设计库】|【Toolbox】|【GB】|【bearing】|【滚动轴承】,就会出现圆柱滚子轴承,如图 4-16 所示。

(2)派生零件的创建

左键单击选择圆柱滚子轴承并按住左键不放,将圆柱滚子轴承拖动到图形区,弹出确认建立派生零件提示框,单击【是】按钮开始插入零件。进行插入零件的属性设置,单击插入零件属性管理器中的按钮 ✓,完成圆柱滚子轴承的插入,如图 4-17 和图 4-18 所示。

图 4-16 选择【滚动轴承】

图 4-17 插入零件的
属性管理器

图 4-18 插入的圆柱滚
子轴承零件

(3)保存文件

单击菜单栏中的【保存】命令按钮 💾,在【另存为】对话框中设置文件保存的文件夹,输入文件名称,单击"保存"按钮,完成圆柱滚子轴承零件的保存。此后可以对圆柱滚子轴承进行任意的编辑调用等。

4.2.4 特征查询

特征查询是在未知零部件信息的情况下查看创建的特征的基本信息和检查特征创建过程等,有利于零部件的设计。

4.2.4.1 测量

测量工具可以测量草图、3D 模型、装配体,也可以测量工程图中的直线、点、曲面、基准面的距离、角度、半径、大小,以及它们之间的距离、角度、半径或尺寸。当选择一个顶点或草图点时,会显示其 X、Y 和 Z 坐标值。

单击命令管理器中的【评估】,选择评估工具栏中的【测量】命令按钮 🔎,或选择【工具】|【评估】|【测量】命令,弹出测量工具窗口,如图 4-19 所示。

(1)圆弧/圆测量 🔗

圆弧/圆测量用于测量中心到中心、最小距离、最大距离和自定义距离。在圆弧/圆测量下标中可以选择相应的命令。

(2)单位/精度 ⁱⁿ/ₘₘ

单击【单位/精度】命令 ⁱⁿ/ₘₘ,弹出【测量单位/精度】对话框,如图 4-20 所示。选择【使用自定义设定】,对长度及角度单位进行设置,单击【确定】按钮。

图 4-19　测量工具窗口　　　　图 4-20　【测量单位/精度】对话框

（3）显示 XYZ 测量

单击【显示 XYZ 测量】命令，再单击要测量的实体即可测量出实体的位置等信息。

（4）点到点

【点到点】命令用于测量模型上任意两点之间的距离。

（5）投影于

【投影于】下拉菜单中的选项有【无】【屏幕】【选择面/基准面】。选择【无】时，投影和正交不计算；选择【屏幕】时，软件计算投影、法线等距离；选择【选择面/基准面】时，软件计算所投影的距离及正交距离，并显示在测量窗口中。

（6）测量历史记录

【测量历史记录】中记录 SolidWorks 运行期间进行的所有测量，是快速查看测量结果的方式。

（7）创建传感器

使用该命令可设置传感器属性，以设置软件在测量值改变时提醒用户。

4.2.4.2　质量属性

单击命令管理器中的【评估】，选择评估工具栏中的【质量属性】命令按钮，或选择【工具】|【评估】|【质量属性】命令，系统弹出【质量属性】对话框，如图 4-21 所示。

质量属性输出框中包含所选零部件、实体或装配体的密度、质量、体积、表面积、重心、惯性主轴、惯性张量等。

4.2.4.3　剖面属性

单击命令管理器中的【评估】，选择评估工具栏中的【剖面属性】命令按钮，或选择【工具】|【评估】|【截面属性】命令，系统弹出【截面属性】对话框，如图 4-22 所示。

【截面属性】对话框中可以显示零件上一个或多个模型面，剖面上的面、工程图中剖视图的剖面或草图的属性。

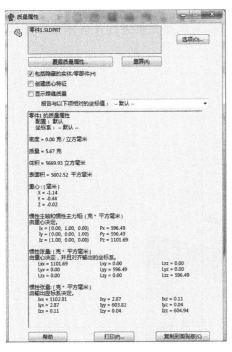

图 4-21 【质量属性】对话框   图 4-22 【截面属性】对话框

4.2.4.4 检查

单击命令管理器中的【评估】,选择评估工具栏中的【检查】命令按钮 或选择【工具】|
【评估】|【检查】命令,系统弹出【检查实体】对话框,如图 4-23 所示。

【检查实体】对话框可以检查零部件的实体、曲面、无效的面、最小曲率半径等。

4.2.4.5 几何分析

单击命令管理器中的【评估】,选择评估工具栏中的【几何体分析】命令按钮 或选择【工具】|【评估】|【几何体分析】命令,在特征管理区出现几何体分析属性管理器,如图 4-24 所示。

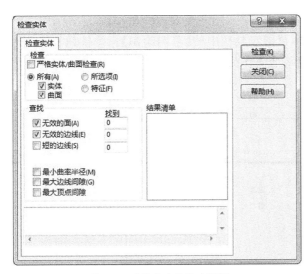

图 4-23 【检查实体】对话框   图 4-24 几何体分析属性管理器

在零部件或装配体中,常有短边线、小面、细薄面、锐边线等元素,这些元素是零部件或装配体中容易出现应力集中或疲劳损坏的常见部位,对这些元素进行几何体分析可及时避免结构缺陷。

4.3 实战演练

4.3.1 案例呈现

绘制图 4-25 所示的图形。

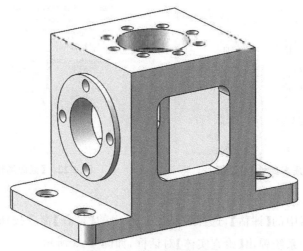

图 4-25　第 4 章案例图形

4.3.2 设计思路

该零件为箱体类零件,选取底板的中心为坐标原点,利用拉伸命令可得到箱体的外形,先对箱体的周围进行拉伸和切除,再切除箱体内部。

4.3.3 实战步骤

单击命令管理器中的【草图】,选择草图工具栏中的【草图绘制】命令按钮☐,进入草图绘制。选择特征管理设计树中的上视基准面作为草图绘制平面,进入草图绘制界面。绘制出图 4-26 所示的草图。

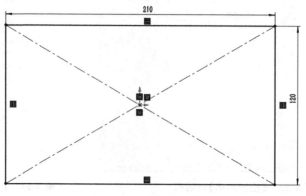

图 4-26　草图的绘制 1

利用拉伸命令,拉伸距离为 16 mm,得到图 4-27 所示的实体。

图 4-27　拉伸得到的实体 1

选择实体的侧面为基准面绘制图 4-28 所示的草图。

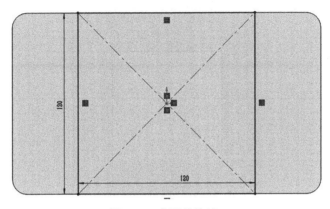

图 4-28　草图的绘制 2

利用拉伸命令,拉伸的高度为 120 mm,得到图 4-29 所示的实体。

图 4-29　拉伸得到的实体 2

选择实体的侧面为基准面绘制图 4-30 所示的草图。

利用拉伸切除命令,选择成形到下一面,得到图 4-31 所示的实体。

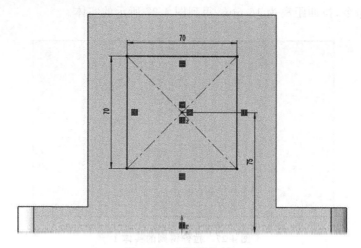

图 4-30　草图的绘制 3

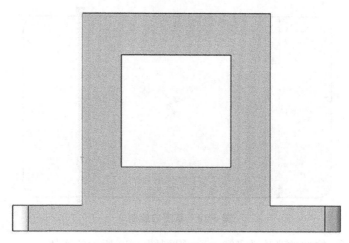

图 4-31　拉伸切除得到的实体 1

利用圆角命令,选择上步中拉伸切除得到的 4 条棱为要圆角化的棱,圆角半径为 10 mm,得到图 4-32 所示的实体。

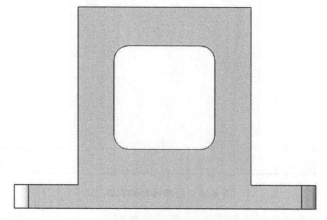

图 4-32　圆角后的实体

选择实体的顶面为基准面,绘制图 4-33 所示的草图。

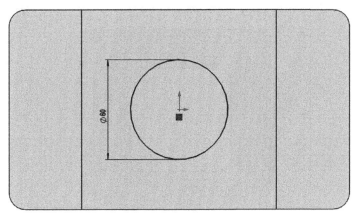

图 4-33　草图的绘制 4

利用拉伸切除命令,切除深度为 16 mm,得到图 4-34 所示的实体。

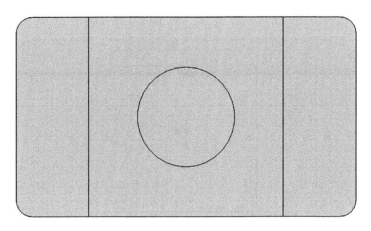

图 4-34　拉伸切除得到的实体 2

选择实体的侧面为基准面,绘制图 4-35 所示的草图。

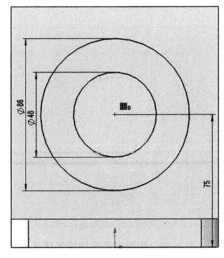

图 4-35　草图的绘制 5

利用拉伸命令,拉伸长度为 5 mm,得到图 4-36 所示的实体。

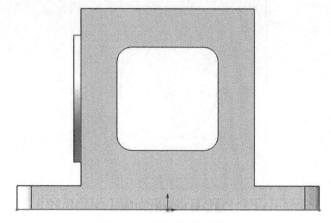

图 4-36   拉伸得到的实体 3

选择实体的地面为基准面,绘制图 4-37 所示的草图。

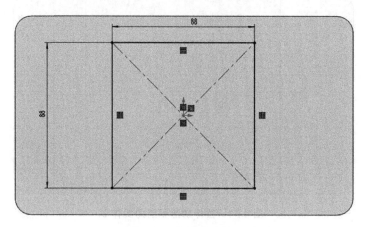

图 4-37   草图的绘制 6

利用拉伸切除命令,切除深度为 120 mm,得到图 4-38 所示的实体。

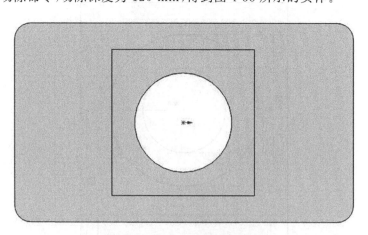

图 4-38   拉伸切除得到的实体 3

选择实体的顶面为基准面,绘制图 4-39 所示的草图。

利用拉伸切除命令,选择成形到下一面,得到图 4-40 所示的实体。

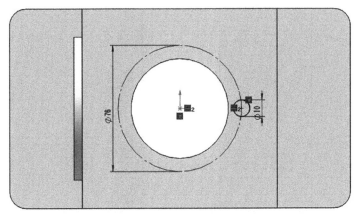

图 4-39　草图的绘制 7

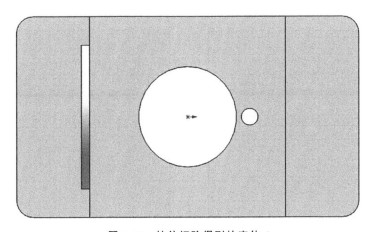

图 4-40　拉伸切除得到的实体 4

利用圆周镜像,镜像实例为 8 个,得到图 4-41 所示的实体。

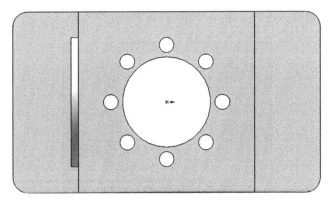

图 4-41　镜像后的实体 1

选择绘制凸台的侧面,绘制图 4-42 所示的草图。

利用拉伸切除命令,选择成形到下一面,得到图 4-43 所示的实体。

选择图中的面为基准面,绘制图 4-44 所示的草图。

利用拉伸切除命令,选择成形到下一面,得到图 4-45 所示的实体。

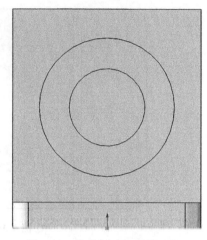

图 4-42 草图的绘制 8	图 4-43 拉伸切除得到的实体 5

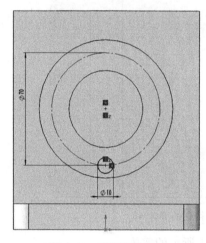

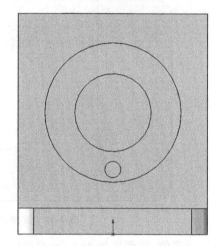

图 4-44 草图的绘制 9	图 4-45 拉伸切除得到的实体 6

利用镜像命令,镜像实体为 4 个,得到图 4-46 所示的实体。

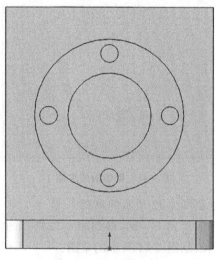

图 4-46 镜像后的实体 2

选择图中的面,绘制图 4-47 所示的草图。

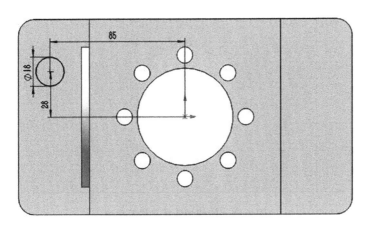

图 4-47　草图的绘制 10

利用拉伸切除命令,得到图 4-48 所示的实体。

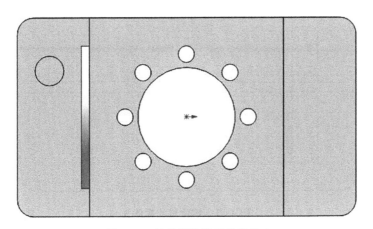

图 4-48　拉伸切除得到的实体 7

选择图中的面为基准面绘制图 4-49 所示的草图。

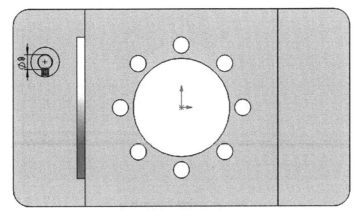

图 4-49　草图的绘制 11

利用拉伸切除命令,选择成形到下一面,得到图 4-50 所示的草图。

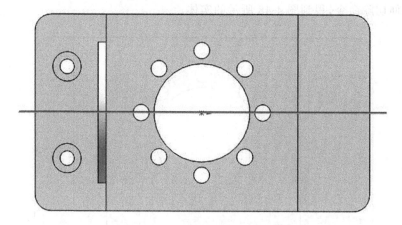

图 4-50　拉伸切除得到的实体 8

利用镜像命令,得到图 4-51 所示的实体。

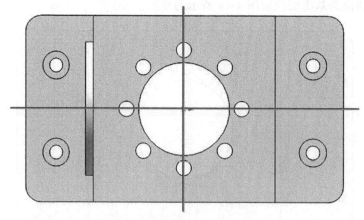

图 4-51　镜像后的实体 3

再次利用镜像,得到图 4-52 所示的实体。

图 4-52　镜像后的实体 4

单击退出,草图绘制完毕,如图 4-53 所示。

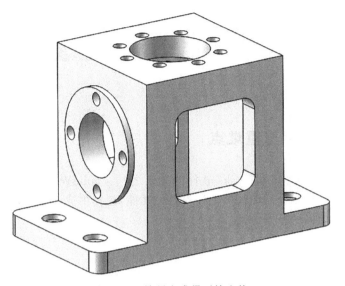

图 4-53   绘制完成得到的实体

第 ⑤ 章　曲线曲面设计

5.1　学习目标与重难点

曲线与曲面功能也是 SolidWorks 软件的亮点之一。SolidWorks 可以轻松地生成复杂的曲面与曲线模型。本章介绍曲线与曲面设计的功能，包括生成曲线的基本方法、生成曲面的基本方法和编辑曲面的基本方法。

5.2　知识点解密

5.2.1　创建曲线

5.2.1.1　分割线

分割线是将实体投影到曲面或者平面上生成的，把被选择的面分割为多个分离的面，从而可以选择其中一个分离的面进行操作。分割线也可以通过将草图投影到曲面实体而生成，投影的实体可以是草图、模型实体、曲面、面、基准面或者样条曲线。

单击曲线工具栏中的【分割线】按钮，或者在菜单栏中选择【插入】|【曲线】|【分割线】命令，系统弹出分割线属性管理器，如图 5-1 所示。

几种分割类型的介绍如下。

轮廓：在一个圆柱形零件上生成一条分割线，并将所选的面分割，设置界面如图 5-2 所示。

图 5-1　分割线属性管理器　　　　图 5-2　【轮廓】

投影:将草图投影到曲面上,并将所选的面分割。在使用投影方式绘制投影草图时,绘制的草图在投影面上的投影必须穿过要投影的面,否则系统会提示错误,而不能生成分割线。投影设置界面如图5-3所示。

交叉点:以交叉实体、曲面、面、基准面或者样条曲线为分割面,以所选面与其他曲面或平面的交线来分割所选面。交叉点设置界面如图5-4所示。

图5-3 【投影】

图5-4 【交叉点】

交叉点中的曲面分割选项有以下三种。

分割所有:分割线穿越曲面上所有可能的区域。

自然:分割遵循曲面的形状。

线性:分割遵循线性方向。

5.2.1.2 投影曲线

SolidWorks中投影曲线有两种方式,一种是将绘制的曲线投影到模型面上生成一条三维曲线,另一种是将相交的基准面上绘制的线条投影到模型面上生成一条三维曲线。

单击曲线工具栏中的【投影曲线】按钮,或者在菜单栏中选择【插入】|【曲线】|【投影曲线】命令,系统弹出投影曲线属性管理器,如图5-5所示。

投影曲线属性管理器中各选项的介绍:

面上草图:在基准面中绘制的草图曲线投影到某一个面上,从而生成一条3D曲线。

草图上草图:在相交的两个基准面上分别绘制草图,两个草图各自沿垂直方向投影在空间中相交生成一条3D曲线。

要投影的一些草图:在绘图区或者特征管理设计树中选择曲线草图。

投影面:在实体模型上选择需要投影草图的面。

反转投影:设置投影曲线的方向。

5.2.1.3 组合曲线

组合曲线通过将曲线、草图几何体和模型边线组合为一条单一曲线来生成组合曲线。组合曲线可以作为生成放样或扫描的引导曲线。

单击曲线工具栏中的【组合曲线】按钮,或者在菜单栏中选择【插入】|【曲线】|【组合曲线】命令,系统弹出组合曲线属性管理器,如图 5-6 所示。

图 5-5　投影曲线属性管理器

图 5-6　组合曲线属性管理器

注意:生成组合曲线的各个线段(曲线、草图几何体、模型边线)必须互相连接。

5.2.1.4　通过 XYZ 点的曲线

通过 XYZ 点的曲线是指生成通过用户定义的点的样条曲线。在 SolidWorks 中,用户既可以自定义样条曲线通过的点,也可以利用点坐标文件生成样条曲线。

单击曲线工具栏中的【通过 XYZ 点的曲线】按钮,或者在菜单栏中选择【插入】|【曲线】|【通过 XYZ 点的曲线】命令,系统弹出【曲线文件】对话框,如图 5-7 所示。

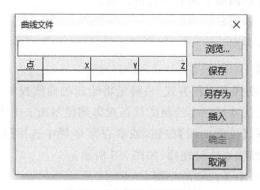

图 5-7　【曲线文件】对话框

注意:在使用文本编辑器、Excel 等应用程序生成坐标文件时,文件中必须只包含坐标数据,而不能是 X、Y 或 Z 的标号及其他无关数据。

5.2.1.5　通过参考点的曲线

通过参考点的曲线就是利用定义的点或已经存在的端点作为曲线型值点而生成的样条曲线,至少选择两个或者两个以上的点。

单击曲线工具栏中的【通过参考点的曲线】按钮,或者在菜单栏中选择【插入】|【曲线】|

【通过参考点的曲线】命令,系统弹出通过参考点的曲线属性管理器,如图 5-8 所示。

通过参考点的曲线属性管理器中各选项的介绍:

通过点:选择通过一个或者多个平面上的点。

闭环曲线:自动闭合生成的曲线。

5.2.1.6 螺旋线/涡状线

螺旋线/涡状线是通过草图上的一个圆来绘制,通常用来生成螺纹、弹簧和发条等零件。

单击曲线工具栏中的【螺旋线/涡状线】按钮,或者在菜单栏中选择【插入】|【曲线】|【螺旋线/涡状线】命令,系统弹出螺旋线/涡状线属性管理器,如图 5-9 所示。

螺旋线/涡状线属性管理器中各选项的介绍:

【定义方式】选项组:

螺距和圈数:指定螺距和圈数创建螺旋线,如图 5-10 所示。

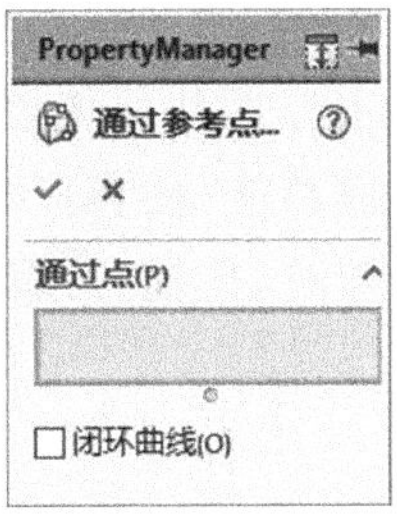

图 5-8 通过参考点的曲线
　　　　属性管理器

图 5-9 螺旋线/涡状线属性管理器

图 5-10 螺距和圈数

高度和圈数:指定螺旋线的总高度和圈数创建螺旋线,如图 5-11 所示。

高度和螺距:指定螺旋线的总高度和螺距创建螺旋线,如图 5-12 所示。

涡状线:指定螺旋线的螺距和圈数创建涡状线,如图 5-13 所示。

【参数】选项组:

恒定螺距:生成带恒定螺距的螺旋线。

可变螺距:生成带有所指定的区域参数而变化的螺距的螺旋线。

反向:对于螺旋线来说,是从原点开始往后延伸螺旋线;对于涡状线来说,生成向内涡状线。

起始角度:在绘制的圆上的某一地方开始初始旋转。

顺时针/逆时针:设置螺旋线/涡状线的旋转方向为顺时针或逆时针。

【锥形螺纹线】选项组：

锥形角度：设定锥形螺纹线的角度。

锥度外张：控制螺纹线是否锥度外张。

图 5-11　高度和圈数

图 5-12　高度和螺距

图 5-13　涡状线

5.2.2　创建曲面

曲面是一种可用来生成实体特征的几何体，它用来描述相连的零厚度几何体，如单一曲面、缝合的曲面、剪裁和圆角的曲面等。SolidWorks 强大的曲面建模功能，使其广泛地用在机械设计、模具设计、消费类产品设计等领域。在创建复杂外观造型时，扫描、放样、边界等曲面形式较为常用。

5.2.2.1　拉伸曲面

拉伸曲面是 SolidWorks 中最基础的曲面之一，也是最常用的曲面建模工具。拉伸曲面是以一基准面或现有的平面作为草图绘制平面，将一个二维平面草图，按照给定的数值沿与平面垂直的方向拉伸一段距离形成的曲面。

图 5-14　曲面-拉伸属性管理器

单击曲面工具栏上的【拉伸曲面】命令按钮，或者选择菜单栏中的【插入】|【曲面】|【拉伸曲面】命令，系统弹出曲面-拉伸属性管理器，如图 5-14 所示。

曲面-拉伸属性管理器中各选项说明如下：

拉伸终止条件：不同的终止条件，拉伸效果是不同的。SolidWorks 提供了 7 种形式的终止条件，在方向选项的【终止条件】下拉列表框中可以选用需要的拉伸类型。分别是：给定深度、完全贯穿、成形到一顶点、成形到一面、到离指定面指定的距离、成形到实体与两侧对称。

给定深度：从草图的基准面以指定的距离拉伸曲面。

完全贯穿：从草图的基准面完全贯穿地拉伸特征。

成形到一顶点：从草图的基准面拉伸特征到所选择的点。

成形到一面：从草图的基准面拉伸特征到所选的面以生成曲面。该面既可以是平面，也可以是曲面。

到离指定面指定的距离：从草图的基准面拉伸特征到距离某面特定距离处以生成曲面。该面既可以是平面，也可以是曲面。

成形到实体：从草图的基准面拉伸曲面到指定的实体。

两侧对称：从草图的基准面向两个方向对称拉伸曲面。

拔模拉伸：在拉伸形成曲面时，SolidWorks 提供了拉伸为拔模特征的功能。单击【拔模开关】图标按钮，在【拔模角度】一栏中输入需要的拔模角度。还可以利用【向外拔模】复选框，选择是向外拔模还是向内拔模。

封底：勾选【封底】复选框，在拉伸曲面的底端加盖，若在【方向 2】中也勾选【封底】复选框，则会封闭拉伸另一端。当拉伸两端都加盖后定义出封闭的体积时，将自动创建一个实体。

5.2.2.2 旋转曲面

旋转曲面命令是通过绕中心线旋转一个或多个轮廓来生成曲面的。旋转轴和旋转轮廓必须位于同一个草图中，旋转轴一般为中心线，旋转轮廓可以是一个封闭的草图，也可以是开放的草图，不能穿过旋转轴，但是可以与旋转轴接触。

单击曲面工具栏中的【旋转曲面】命令按钮 ，或者选择菜单栏中的【插入】|【曲面】|【旋转曲面】命令，系统弹出曲面-旋转属性管理器，如图 5-15 所示。

曲面-旋转属性管理器中各选项的含义如下：

（1）旋转参数选项组

旋转轴：旋转所绕的轴，此轴可以为中心线、直线或者边线。

旋转类型：从草图基准面中定义旋转方向。单击【反向】按钮 可以预览图中所示的相反方向的旋转特征。

（2）【所选轮廓】选项组

选择创建旋转特征时的截面参照。只有一个截面时，系统会自动选取。有多组截面时，需自行选择旋转截面，多组截面中选择不同的旋转截面区域，旋转特征也会不同。

所选轮廓：在图形区域中可以选择草图轮廓和模型边线。

图 5-15 曲面-旋转属性管理器

5.2.2.3 扫描曲面

扫描曲面是指选择或绘制的扫描截面沿着指定的扫描路径扫描创建的曲面，扫描截面和扫描路径可以呈封闭或开放状态。在扫描曲面中最重要的一点，就是引导线的端点必须贯穿轮廓图元。通常必须产生一个几何关系，强迫引导线贯穿轮廓曲线。

单击曲面工具栏中的【扫描曲面】命令按钮🛷，或者选择菜单栏中的【插入】|【曲面】|【扫描曲面】命令，系统弹出曲面-扫描属性管理器，如图 5-16 所示。

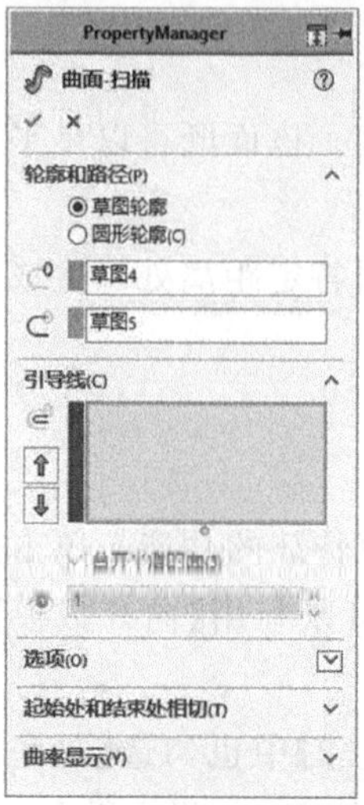

图 5-16　曲面-扫描属性管理器

曲面-扫描属性管理器中各选项的含义如下：

(1)【轮廓和路径】选项组

🛇 轮廓：设定用来生成扫描的草图轮廓（截面）。曲面扫描特征的轮廓可为开环或闭环。

🗘 路径：设定轮廓扫描的路径，在图形区域或特征管理设计树中选取路径草图。路径可以是开环或闭合、包含在草图中的一组绘制的曲线、一条曲线或一组模型边线。路径的起点必须位于轮廓的基准面上。

(2)【引导线】选项组

引导线：在轮廓沿路径扫描时加以引导形成特征。

上移、下移：调整引导线的顺序，选择一引导线并拖动鼠标以调整轮廓顺序。

合并平滑的面：改进带引导线扫描的性能，并在引导线或路径不是曲率连续的所有点处分割扫描。

(3)【选项】选项组

方向/扭转控制：用以控制轮廓在沿路径扫描时的方向。其下拉列表中各项说明如下：

随路径变化：草图轮廓随着路径的变化变换方向，其法线与路径相切。

保持法向不变：使截面总是与起始截面保持平行。

随路径和第一引导线变化：如果引导线不只一条，选择该项将使扫描随第一条引导线变化。

随第一和第二引导线变化：如果引导线不只一条，选择该项将使扫描随第一条和第二条引导线同时变化。

沿路径扭转：沿路径扭转截面。在定义方式下按度数、弧度或旋转定义扭转。

以法向不变沿路径扭曲：通过将截面在沿路径扭曲时保持与开始截面平行而沿路径扭曲截面。

路径对齐方式：当路径上出现少许波动和不均匀波动，使轮廓不能对齐时，可以将轮廓稳定下来。方式包括无、最小扭转、方向向量和所有面。

无：垂直于轮廓而对齐轮廓。

最小扭转：阻止轮廓在随路径变化时自我相交，只对于 3D 路径。

方向向量：以方向向量所选择的方向对齐轮廓。

所有面：当路径包括相邻面时，使扫描轮廓在几何关系可能的情况下与相邻面相切。

合并切面：如果扫描轮廓具有相切线段，可使所产生的扫描中的相应曲面相切。保持相切的面可以是基准面、圆柱面或锥面。其他相邻面被合并，轮廓被近似处理。草图圆弧可以转换为样条曲线。

显示预览：显示扫描的上色预览，取消选择则只显示轮廓和路径。

合并结果：将多个实体合并成一个实体。

(4)【起始处和结束处相切】选项组

无：没有相切。

路径切线:垂直于开始点路径而生成扫描。

注意:在使用引导线扫描曲面时,引导线必须贯穿轮廓草图,通常需要在引导线和轮廓草图之间建立重合和穿透几何关系。

5.2.2.4 放样曲面

放样曲面是通过草图轮廓之间进行过渡而生成曲面的方法,它可以有多个草图轮廓(也包括点)。

单击曲面工具栏中的【放样曲面】按钮,或者选择菜单栏中的【插入】|【曲面】|【放样曲面】命令,系统弹出曲面-放样属性管理器,如图 5-17 所示。

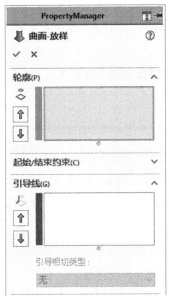

图 5-17　曲面-放样属性管理器

曲面-放样属性管理器中各选项的含义如下:

(1)【轮廓】选项组

轮廓:决定用来生成放样的轮廓。选择需要连接的草图轮廓、面或边线,放样根据轮廓选择的顺序而生成。

上移和下移:用来调整轮廓的顺序,选择一轮廓后按住鼠标左键不放并拖动鼠标来调整轮廓顺序。

(2)【起始/结束约束】选项组

开始约束和结束约束:应用约束以控制开始和结束轮廓的相切,包括以下选项:

无:不应用相切(曲率为零)。

垂直于轮廓:放样在起始和终止处与轮廓的草图基准面垂直。

方向向量:放样与所选的边线或轴相切,或与所选基准面的法线相切。

(3)【引导线】选项组

引导线:选择引导线来控制放样。

移动:单击【上移】和【下移】按钮来调整引导线的顺序。

（4）【中心线参数】选项组

中心线：使用中心线引导放样形状。

截面数：在轮廓之间并绕中心线添加截面。

显示截面：显示放样截面，单击箭头来显示截面，也可以输入一截面数，然后单击【显示截面】按钮来跳到此截面。

（5）【草图工具】选项组

拖动草图：激活拖动模式。当编辑放样特征时，可从任何已为放样定义了轮廓线的 3D 草图中拖动任何 3D 草图线段、点或基准面。3D 草图在拖动时自动更新，再次单击【拖动草图】按钮即可退出拖动模式。

（6）【选项】选项组

这里用来控制放样的显示形式。

合并切面：勾选【合并切面】复选框，如果对应的线段相切，则使在所生成的放样中的曲面合并。

闭合放样：沿放样方向生成一闭合实体。勾选【闭合放样】复选框，会自动连接最后一个和第一个草图。

显示预览：以上色方式显示曲面放样的效果。

5.2.3 曲面编辑

SolidWorks 中常用的曲面编辑命令有圆角、等距、剪裁、延伸、填充、缝合等命令。通过这些命令我们可以对创建的曲面进行编辑，以达到设计要求或者满足相关操作的需要。

5.2.3.1 曲面圆角

曲面圆角是用来将曲面实体中以一定角度相交的两个相邻面之间的边线进行平滑过渡的一种修饰特征，主要减少特征尖角的存在，避免应力集中现象。

单击曲面工具栏中的【圆角】按钮，或者选择菜单栏中的【插入】|【曲面】|【圆角】命令，系统弹出圆角属性管理器，如图 5-18 所示。

注意：曲面圆角与实体圆角的参数大致相同，这里将不再进行讲解。

5.2.3.2 等距曲面

等距曲面是将曲面按照一定的距离进行偏移，又称为复制曲面，该曲面既可以是模型的轮廓面，也可以是绘制的曲面，并且可以零距离等距。

单击曲面工具栏中的【等距曲面】按钮，或者选择菜单栏中的【插入】|【曲面】|【等距曲面】命令，系统弹出等距曲面属性管理器，如图 5-19 所示。

等距曲面属性管理器中各选项的含义如下：

要等距的曲面或面：在图形区域中选择要等距的曲面或面。

等距距离：设置等距距离。

反转等距方向：改变等距的方向。

图 5-18　圆角属性管理器　　　　图 5-19　等距曲面属性管理器

5.2.3.3　延伸曲面

延伸曲面是指将现有曲面的边缘,沿着切线方向进行延伸而形成的曲面。

单击曲面工具栏中的【延伸曲面】按钮,或者选择菜单栏中的【插入】|【曲面】|【延伸曲面】命令,系统弹出延伸曲面属性管理器,如图 5-20 所示。

延伸曲面属性管理器中各选项的含义如下:

(1)【拉伸的边线/面】选项组

所选面/边线:在绘图区域中选择延伸的边线或者面。

(2)【终止条件】选项组

距离:按照给定的距离数值确定延伸曲面的距离。

成形到某一点:将曲面延伸到指定的顶点。

成形到某一面:将曲面延伸到指定的面。

(3)【延伸类型】选项组

同一曲面:沿曲面的几何体延伸曲面。

线性:沿指定的边线相切于原有的曲面进行延伸。

图 5-20　延伸曲面属性管理器

5.2.3.4　平面区域

平面区域是指由一个 2D 草图或者零件上的一个封闭环(在同一平面上)生成一个有限边界组成的平面表面。

单击曲面工具栏中的【平面区域】按钮,或者选择菜单栏中的【插入】|【曲面】|【平面区域】命令,系统弹出平面区域属性管理器,如图 5-21 所示。

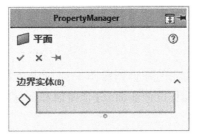

图 5-21　平面区域属性管理器

5.2.3.5 填充曲面

在现有模型边线、草图或者曲线定义的边界内生成带任何边数的曲面修补,称为填充曲面。填充曲面可以用来构造填充模型中有缝隙的曲面。

单击曲面工具栏中的【填充曲面】按钮,或者选择菜单栏中的【插入】|【曲面】|【填充】命令,系统弹出填充曲面属性管理器,如图 5-22 所示。

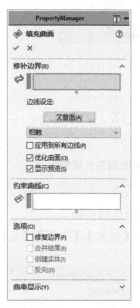

图 5-22 填充曲面属性管理器

填充曲面属性管理器中各选项的含义如下:

(1)【修补边界】选项组

修补边界:定义所应用的修补边线。

交替面:只在实体模型上生成修补曲面时使用,用于控制修补曲率的反转边界。

曲率控制:在生成的修补上进行控制,可以在同一修补中应用不同的曲率控制。

相触:在所选的边界内生成曲面。

相切:在所选的边界内生成曲面,但保持修补边线的相切。

曲率:在与相邻曲面交界的边界上生成与所选曲面的曲率相配套的曲面。

应用到所有边线:可以将相同的曲率控制应用到所有边线中。

优化曲面:用于对曲面进行优化,其潜在优势包括加快重建时间以及当与模型中的其他特征一起使用时增强稳定性。

显示预览:以上色方式显示曲面填充的预览效果。

(2)【约束曲线】选项组

约束曲线:在填充曲面时添加斜面控制。

(3)【选项】选项组

修复边界:可以自动修复填充曲面的边界。

合并结果:如果边界至少有一个边线是开环薄边,选择此选项,则可以用边线所属的曲面进行缝合。

创建实体:如果所有边界实体都是开环边线,可以选择此选项生成实体。

反向:用于纠正填充曲面时不符合填充需要的方向。

 ## 5.3 实战演练

5.3.1 案例呈现

本实例将利用有关曲线、曲面的知识创建图 5-23 所示的瓶盖。绘制该模型的命令主要有旋转曲面、放样曲面、剪裁曲面、拉伸曲面、缝合曲面和删除等。

图 5-23　瓶盖三维模型

5.3.2　设计思路

首先研究一下图示瓶盖的大致形状,知道曲面的常用命令有拉伸曲面、旋转曲面、剪裁曲面和放样曲面等;然后确定一下大概的思路,用什么命令绘制;最后开始绘制图形。

5.3.3　实战步骤

在前视基准面上绘制图 5-24 所示的草图,不需要闭合。

进行曲面的旋转,如图 5-25 所示。

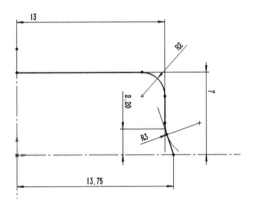

图 5-24　绘制的草图　　　　　　　　　　图 5-25　进行曲面旋转

旋转后得到图 5-26 所示的效果。

通过上视基准面往上等距基准面,如图 5-27 所示。

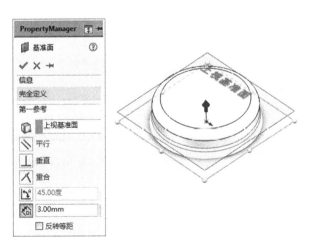

图 5-26　旋转后的效果　　　　　　　　　图 5-27　等距基准面

得到一个新的基准面,如图 5-28 所示。

在上视基准面上绘制图 5-29 所示的草图轮廓。

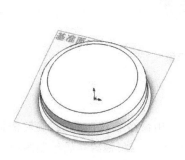

图 5-28 得到新的基准面

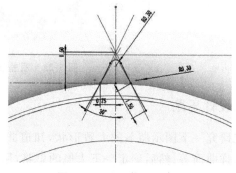

图 5-29 绘制草图轮廓 1

在新建的基准面上绘制一条弧线,直接用边线转换实体,留下图 5-30 所示部分即可。

然后用曲面放样命令,依次选择两个草图进行放样,如图 5-31 所示。

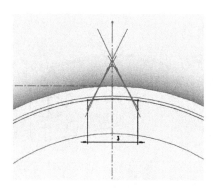

图 5-30 绘制弧线

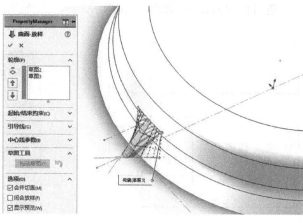

图 5-31 选择草图进行放样

放样完毕后得到图 5-32 所示效果。

接着用曲面剪裁命令,剪裁掉内部残留的曲面,如图 5-33 所示。

图 5-32 放样后的效果

图 5-33 剪裁内部残留的曲面

继续用曲面剪裁命令,剪裁掉图中最暗的部分,如图 5-34 所示。得到图 5-35 所示的效果。

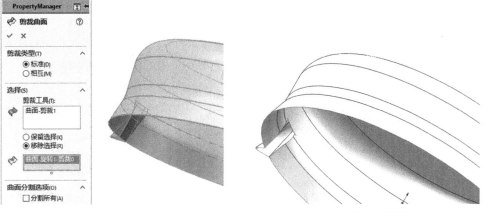

图 5-34　继续剪裁　　　　　　　图 5-35　剪裁后的效果 1

接着对两个曲面进行曲面的缝合处理,如图 5-36 所示。缝合完毕得到图 5-37 所示的效果。

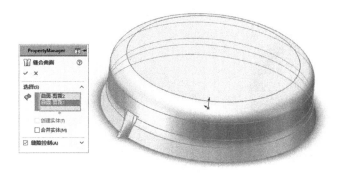

图 5-36　进行曲面缝合　　　　　　　图 5-37　缝合后的效果

对接触边缘进行圆角处理,如图 5-38 所示。然后在上视基准面上绘制图 5-39 所示的草图轮廓。

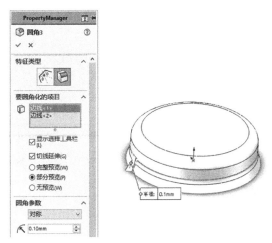
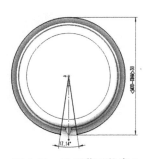

图 5-38　进行圆角处理　　　　　　　图 5-39　绘制草图轮廓 2

对所绘制的草图进行曲面的拉伸,如图 5-40 所示。拉伸完毕得到图 5-41 所示的曲面。

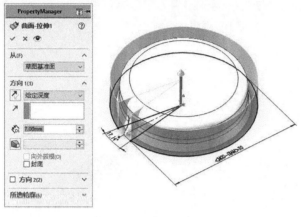

图 5-40　进行曲面拉伸　　　　　　　　　　　图 5-41　拉伸后的效果

然后用拉伸出来的曲面来剪裁曲面模型,保留紫色部分(图 5-42 中的 1),如图 5-42 所示。剪裁后得到图 5-43 所示的效果。

图 5-42　剪裁曲面模型　　　　　　　　　　　图 5-43　剪裁后的效果 2

在进行曲面的剪裁时,移除掉拉伸出来的曲面部分,如图 5-44 所示。得到图 5-45 所示的效果。

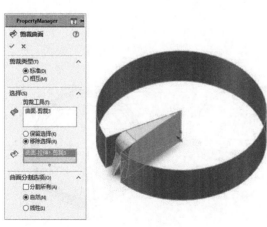

图 5-44　移除选择　　　　　　　　　　　　图 5-45　移除后的效果

用删除面命令，删除图 5-46 所示选中的曲面。

用删除实体命令，删除图 5-47 所示的曲面实体。

　　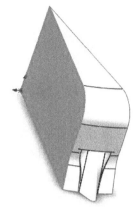

图 5-46　删除面　　　　　　　　　　　　　　图 5-47　删除实体

最后只剩下图 5-48 所示的一个曲面。

对剩下的曲面进行圆周阵列，可以得到图 5-49 所示的瓶盖曲面模型。

　　　　　　　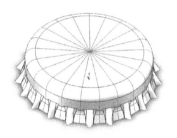

图 5-48　剩下的一个曲面　　　　　　图 5-49　圆周阵列效果

第6章　钣金件设计

6.1　学习目标与重难点

钣金是工业中常用的一种零件,如轿车主体都是由钣金体零件构成。钣金零件也是实体模型中结构比较特殊的一种,具有带圆角的薄壁特征,整个零件的壁厚都相同,折弯半径都是选定的半径值,如果需要释放槽,软件也能够加上。SolidWorks 为满足这类需求定制了特殊的钣金工具。

6.2　知识点解密

6.2.1　基体法兰

钣金零件的第一个特征就是基体法兰,当基体法兰添加到 SolidWorks 零件后,系统会将该零件标记为钣金零件,并在特征管理设计树中显示特定的钣金特征。

单击钣金工具栏中的【基体法兰/薄片】命令按钮,或者选择菜单栏中的【插入】|【钣金】|【基体法兰】命令,系统弹出基体法兰属性管理器,如图 6-1 所示。

基体法兰属性管理器中各选项的含义如下:

(1)【钣金规格】选项组

根据指定的材料,选择【使用规格表】选项定义钣金的电子表格和数值。

(2)【钣金参数】选项组

厚度:设置钣金厚度。

反向:以相反方向加厚草图。

(3)【折弯系数】选项组

可以选择【K 因子】【折弯系数】【折弯系数表】【折弯计算】和【折弯扣除】选项。

(4)【自动切释放槽】选项组

矩形:在需要进行折弯释放的边上生成一个矩形切除。

撕裂形:在需要撕裂的边和面之间生成一个撕裂口,而不是切除。

图 6-1　基体法兰属性管理器

矩圆形:在需要进行折弯释放的边上生成一个矩圆形切除。

6.2.2　边线法兰

使用边线法兰特征工具可以将法兰添加到一条或者多条边线上。添加边线法兰时,所选边线必须为线性,系统自动将褶边厚度链接到钣金零件的厚度上,轮廓的一条草图直线必须位于所选边线之上。

单击钣金工具栏中的【边线法兰】命令按钮🏷,或者选择菜单栏中的【插入】|【钣金】|【边线法兰】命令,系统弹出边线法兰属性管理器,如图 6-2 所示。

 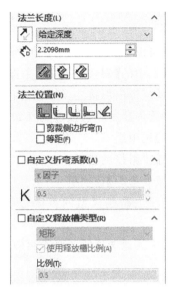

图 6-2　边线法兰属性管理器

边线法兰属性管理器中各选项的含义如下:

(1)【法兰参数】选项组

🏷边线:在图形区域中选择边线。

编辑法兰轮廓:编辑轮廓草图。

使用默认半径:可以使用系统默认的半径。

🗡折弯半径:在取消选择【使用默认半径】复选框时使用。

🗡缝隙距离:设置缝隙数值。

(2)【角度】选项组

🗡法兰角度:设置角度数值。

🗍选择面:为法兰角度选择参考面。

与面垂直:边线法兰与参考面垂直。

与面平行:边线法兰与参考面平行。

(3)【法兰长度】选项组

长度终止条件:选择终止条件,包括【给定深度】和【成形到一点】。

🗡反向:改变法兰边线的方向。

🗡长度:设置长度数值,然后为测量选择 1 个原点,包括【外部虚拟交点】【内部虚拟交点】和【双弯曲】。

(4)【法兰位置】选项组

法兰位置:包括【材料在内】【材料在外】【折弯在内】【折弯在外】和【虚拟交点的折弯】。

剪裁侧边折弯:移除邻近折弯的多余部分。

等距:生成等距法兰。

(5)【自定义折弯系数】选项组

该选项组包括【折弯系数表】【K因子】【折弯系数】【扣除折弯】和【折弯计算】。

(6)【自定义释放槽类型】选项组

该选项组包括【矩形】【矩圆形】和【撕裂形】。

6.2.3 斜接法兰

斜接法兰特征可以将一系列法兰添加到钣金零件的一条或多条边线上。

单击钣金工具栏中的【斜接法兰】命令按钮 囗，或者选择菜单栏中的【插入】|【钣金】|【斜接法兰】命令，系统弹出斜接法兰属性管理器，如图6-3所示。

斜接法兰属性管理器中各选项的含义如下：

(1)【斜接参数】选项组

沿边线：选择要斜接的边线。

(2)【启始/结束处等距】选项组

如果需要斜接法兰跨越模型的整个边线，将【开始等距距离】和【结束等距距离】设置为零。

其属性管理器中其他选项的含义不再叙述。

6.2.4 褶边

褶边工具可以将褶边添加到钣金零件的所选边线上。使用褶边工具时有以下注意事项：

①所选边线必须为直线。

②斜接边角被自动添加到交叉褶边上。

③如果选择多个要添加褶边的边线，则这些边线必须在同一平面上。

单击钣金工具栏中的【褶边】命令按钮 ，或者选择菜单栏中的【插入】|【钣金】|【褶边】命令，系统弹出褶边属性管理器，如图6-4所示。

图6-3 斜接法兰属性管理器

图6-4 褶边属性管理器

褶边属性管理器中各选项的含义如下：

（1）【边线】选项组

👆边线：在图形区域中选择需要添加褶边的边线。

编辑褶边宽度：在图形区域中编辑褶边的宽度。

👆材料在里：褶边的材料在内侧。

👆材料在外：褶边的材料在外侧。

（2）【类型和大小】选项组

类型按钮：选择褶边类型，包括【闭合】【打开】【撕裂形】和【滚轧】。

👆长度：在选择【闭环】和【开环】选项时可以使用。

👆缝隙距离：在选择【开环】选项时可以使用，输入缝隙距离数值。

6.2.5　转折

转折是通过从草图线生成两个折弯而将材料添加到钣金零件上的。使用转折时需注意以下几点：

①草图必须只包含一条直线。

②直线不一定是水平或者垂直的直线。

③折弯线长度不一定与正折弯的面的长度相同。

单击钣金工具栏中的【转折】命令按钮👆，或者选择菜单栏中的【插入】|【钣金】|【转折】命令，系统弹出转折属性管理器，如图6-5所示。

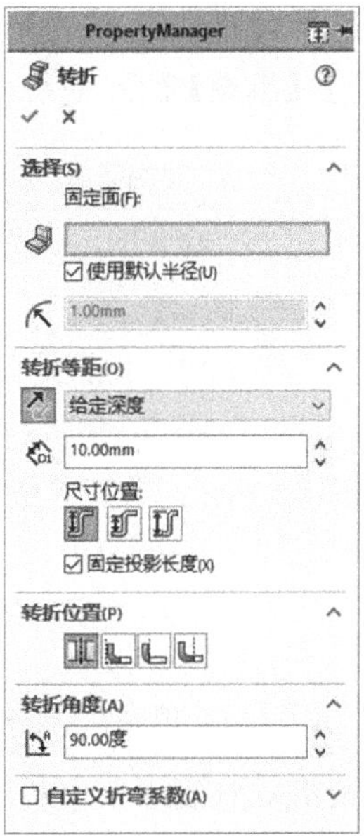

转折属性管理器中各选项的含义如下：

转折等距：可选择【外部等距】【内部等距】和【总尺寸】。

转折位置：可选择【折弯中心线】【材料在内】【材料在外】和【折弯在外】。

其属性管理器中其他选项的含义不再叙述。

6.2.6　绘制的折弯

绘制的折弯特征可以在钣金零件处于折叠状态时绘制草图，将折弯线添加到零件中。使用绘制的折弯时需注意以下几点：

①在草图中只允许使用直线，可以为每个草图添加多条直线。

②折弯线长度不一定与折弯面的长度相同。

单击钣金工具栏中的【绘制的折弯】命令按钮👆，或者选择菜单栏中的【插入】|【钣金】|【绘制的折弯】命令，系统弹出绘制的折弯属性管理器，如图6-6所示。

绘制的折弯属性管理器中各选项的含义如下：

👆固定面：在图形区域中选择一个不因为特征而移动的面。

折弯位置：包括【折弯中心线】【材料在内】【材料在外】和【折弯在外】。

其属性管理器中其他选项的含义不再叙述。

图6-5　转折属性管理器

图 6-6　绘制的折弯属性管理器

6.2.7　展开与折叠

6.2.7.1　展开钣金零件

使用展开工具将三维的折弯板展开为二维的平板。与【平展】命令的区别是,【展开】命令可以展开一个或多个折弯,而【平展】命令是展开全部折弯。

在钣金零件中,单击钣金工具栏中的【展开】命令按钮, 或者选择菜单栏中的【插入】|【钣金】|【展开】命令,系统弹出展开属性管理器,如图 6-7 所示。

展开属性管理器中各选项的含义如下:

固定面:选择一个不因为特征而移动的面。

要展开的折弯:选择一个或多个折弯展开。

收集所有折弯:单击此按钮,系统自动选择所有折弯。

6.2.7.2　折叠钣金零件

使用折叠工具能够将已经展开的钣金平板的整个或者部分平面,再次恢复为折弯状态,是相对于展开或者平展的逆操作。

在钣金零件中,单击钣金工具栏中的【折叠】命令按钮, 或者选择菜单栏中的【插入】|【钣金】|【折叠】命令,系统弹出折叠属性管理器,如图 6-8 所示。

图 6-7　展开属性管理器

图 6-8　折叠属性管理器

折叠属性管理器中各选项的含义如下:

固定面:选择一个不因为特征而移动的面。

要折叠的折弯:选择一个或多个折弯进行折叠。

收集所有折弯:单击此按钮,系统自动选择所有被展开的折弯。

6.2.8　通风口

使用通风口特征工具可以在钣金零件上添加通风口。在生成通风口特征之前与生成其他钣金特征相似,要首先绘制生成通风口的草图,然后在通风口属性管理器中设定各种选项,从而生成通风口。

单击钣金工具栏中的【通风口】命令按钮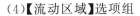，或者选择菜单栏中的【插入】|【扣合特征】|【通风口】命令，系统弹出通风口属性管理器，如图 6-9 所示。

通风口属性管理器中各选项的含义如下：

(1)【信息】选项组

提示创建弹簧扣的操作方法。

(2)【边界】选项组

◇ 选择草图线段作为边界：选择形成闭合轮廓的草图线段作为外部通风口边界。

(3)【几何体属性】选项组

▢ 选择一个面：为通风口选择平面或空间。选定的面上必须能够容纳整个通风口草图。

▨ 拔模开/关：单击拔模开/关可以将拔模应用于边界、填充边界以及所有筋和翼梁。对于平面上的通风口，将从草图基准面开始应用拔模。

⟋ 圆角半径：设定圆角半径，应用于边界、筋、翼梁和填充边界之间的所有相交处。

图 6-9　通风口属性管理器

(4)【流动区域】选项组

区域：显示边界内可用的总面积（平方单位），此值固定不变。

开放区域：边界内供气流流动的开放区域。（以占总面积的百分比表示。）

(5)【筋】选项组

选择草图线段作为筋。

▨ 设置筋的深度。

▨ 设置筋的宽度。

到指定面指定的距离：使所有筋与曲面之间等距。如有必要，单击⟋【反向】按钮。

(6)【翼梁】选项组

▨ 设置翼梁的深度。

▨ 设置翼梁的宽度。

到指定面指定的距离：使所有翼梁与曲面之间等距。如有必要，单击【反向】按钮⟋。

(7)【填充边界】选项组

◇：选择形成闭合轮廓的草图实体。至少必须有一个筋与填充边界相交。

▨：设置填充边界的深度。

到指定面指定的距离：使所有填充边界与曲面之间等距。如有必要，单击【反向】按钮⟋。

6.2.9　平板形式

使用【平展】▧或【解除压缩】命令，可以使钣金零件显示为平板形式。

6.3 实战演练

6.3.1 案例呈现

绘制图 6-10 所示图形。

6.3.2 设计思路

首先研究一下图示合页的大致形状和结构,了解钣金的常用命令基体法兰,再结合前面章节介绍的草图绘制、拉伸切除等,确定一下大概的思路,用什么命令绘制;最后开始绘制图形。

6.3.3 实战步骤

打开 SolidWorks 2017,选择前基准面为草图绘制界面,绘制图 6-11 所示的草图。

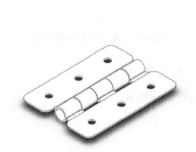

图 6-10　合页钣金零件图

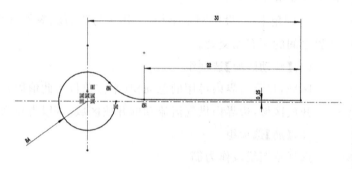

图 6-11　绘制的草图 1

创建基体法兰,如图 6-12 所示。

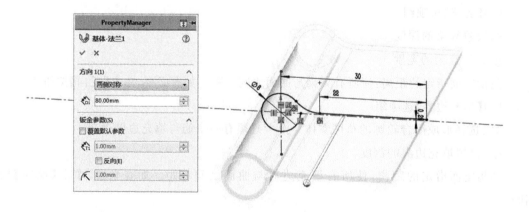

图 6-12　创建基体法兰 1

选择前基准面为草图绘制界面,绘制图 6-13 所示的草图。

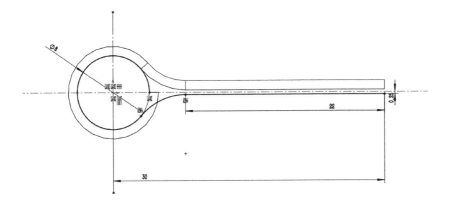

图 6-13　绘制的草图 2

再次创建基体法兰,如图 6-14 所示。

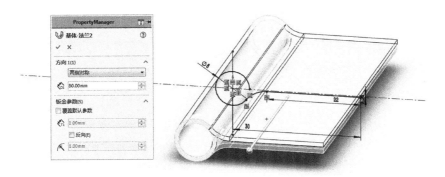

图 6-14　创建基体法兰 2

选择上视基准面绘制草图,进行拉伸切除,如图 6-15 所示。

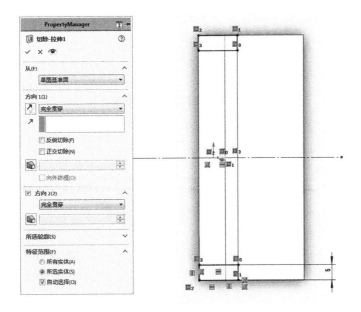

图 6-15　绘制草图并拉伸切除 1

继续选择上视基准面绘制草图,进行拉伸切除,如图 6-16 所示。

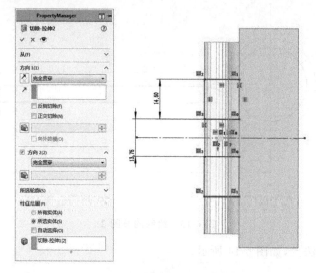

图 6-16　绘制草图并拉伸切除 2

继续选择上视基准面绘制草图,进行拉伸切除,如图 6-17 所示。

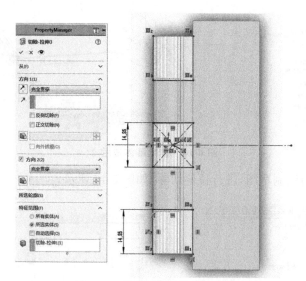

图 6-17　绘制草图并拉伸切除 3

三次拉伸切除后得到效果图,如图 6-18 所示。

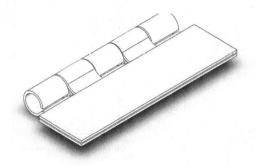

图 6-18　三次拉伸切除后的效果

进行第一次圆角,如图 6-19 所示。

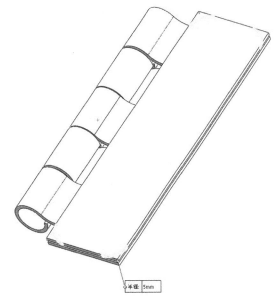

图 6-19   圆角 1

进行第二次圆角,如图 6-20 所示。

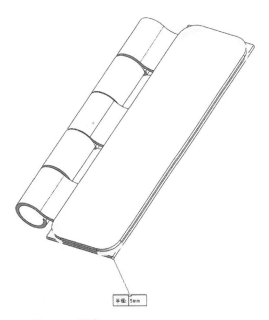

图 6-20   圆角 2

进行第三次圆角,如图 6-21 所示。

进行第四次圆角,如图 6-22 所示。

选择其中一个面,绘制安装孔,并进行拉伸切除,如图 6-23 所示。

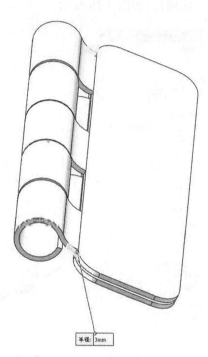

图 6-21　圆角 3

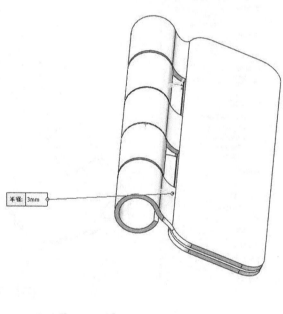

图 6-22　圆角 4

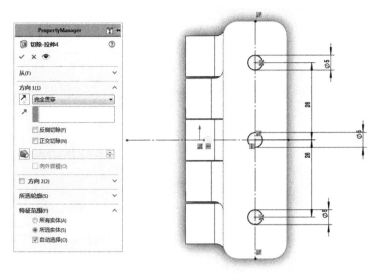

图 6-23 绘制安装孔并拉伸切除

创建基准轴,如图 6-24 所示。

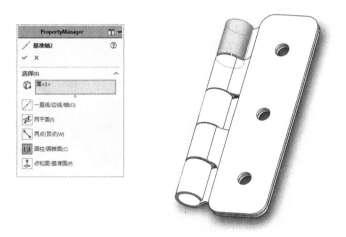

图 6-24 创建基准轴

复制并旋转,如图 6-25 所示。

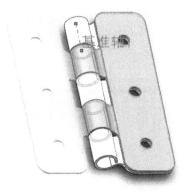

图 6-25 复制并旋转

得到合页最终效果图,如图 6-26 所示。

展开合页钣金零件,如图 6-27 所示。

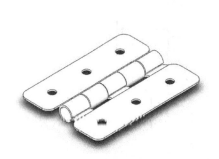

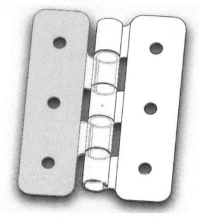

图 6-26　合页最终效果

图 6-27　展开合页钣金零件

得到第一次展开的效果图,如图 6-28 所示。

继续展开合页钣金零件,如图 6-29 所示。

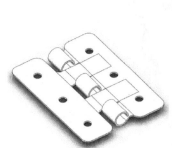

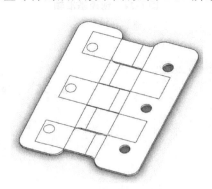

图 6-28　第一次展开的效果

图 6-29　继续展开合页钣金零件

两次展开后得到合页钣金零件的展开效果图,如图 6-30 所示。

图 6-30　两次展开的效果

第7章 实战中典型零件设计

7.1 学习目标与重难点

本章主要介绍了几类典型零件的建模过程,学习完本章后要掌握这几类零件的建模方法,熟悉建模思路。

7.2 知识点解密

7.2.1 轴套类零件

7.2.1.1 轴套类零件结构特点

①轴套类零件包括各种轴、丝杆、套筒、杆套等,各组成部分多是同轴线的回转体,且轴向长,径向尺寸短,从总体上看是细而长的回转体。

②根据设计和工艺的要求,轴套类零件常带有轴肩、键槽、螺纹、挡圈槽、退刀槽、中心孔等结构,为去除金属锐边,并便于轴上零件装配,轴的两端均有倒角。

7.2.1.2 轴套类零件常用表达方法

①一般只用一个完整的基本视图(即主视图)即可把轴套上各回转体的相对位置和主要形状表达清楚。

②轴套类零件常在车床和磨床上加工,选择主视图时,多按加工位置将轴线水平放置。主视图的投射方向垂直于轴线。

③建模时一般将小直径的一端朝右,以符合零件最终加工位置;平键键槽朝前、半圆键键槽朝上,以利于形状特征的表达。

④常用断面、局部剖视、局部视图、局部放大图等图样画法表示键槽、退刀槽和其他槽孔等结构。

⑤对于形状简单而轴向尺寸较长的部分常断开后缩短绘制。

⑥空心套类零件中由于多存在内部结构,一般采用全剖、半剖或局部剖绘制。

7.2.1.3 轴套类零件案例分析

(1)案例呈现

绘制图 7-1 所示轴套类零件。

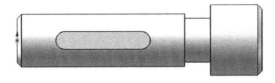

图 7-1 轴套类零件

（2）设计思路

轴套类零件相对简单，一般选取轴端的圆柱体圆心为原点，绘制出轴，再利用参考基准面绘制键槽。

（3）案例分析

单击命令管理器中的【草图】，选择草图工具栏中的【草图绘制】命令按钮，进入草图绘制。选择特征管理设计树中的右视基准面作为草图绘制平面，进入草图绘制界面。绘制出图 7-2 所示的草图。

利用拉伸命令，拉伸长度为 39 mm，得到图 7-3 所示的实体。

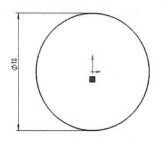

图 7-2　草图的绘制 1　　　　　　　　　图 7-3　拉伸得到的实体 1

选择实体的端面为基准面，绘制图 7-4 所示的草图。

利用拉伸命令，拉伸长度为 6 mm，得到图 7-5 所示的实体。

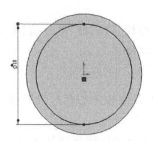
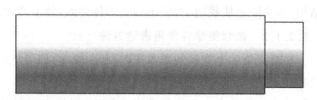

图 7-4　草图的绘制 2　　　　　　　　　图 7-5　拉伸得到的实体 2

选择图中的端面为基准面，绘制图 7-6 所示的草图。

利用拉伸命令，拉伸长度为 12 mm，得到图 7-7 所示的草图。

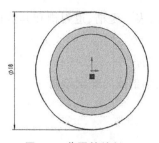
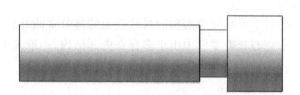

图 7-6　草图的绘制 3　　　　　　　　　图 7-7　拉伸得到的实体 3

利用倒角命令，倒角大小为 1 mm，得到图 7-8 所示的实体。

以上视基准面为参考面，建立与其平行且相距为 6 mm 的基准面，如图 7-9 所示。

在基准面上绘制图 7-10 所示的草图。

隐藏基准面，利用拉伸切除命令，切除深度为 3 mm，得到图 7-11 所示的实体。

绘制完毕，保存文件。

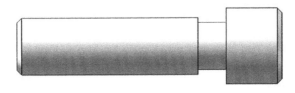

图 7-8 倒角后的实体

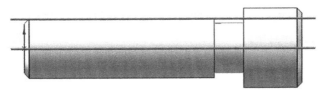

图 7-9 建立基准面

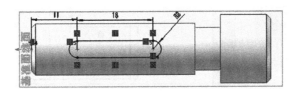

图 7-10 草图的绘制 4

图 7-11 拉伸切除得到的实体

7.2.2 盘盖类零件

盘盖类零件包括齿轮、手轮、皮带轮、飞轮、法兰盘、端盖等。

7.2.2.1 盘盖类零件结构特点

盘盖类零件的主体一般也为回转体,与轴套类零件不同的是,盘盖类零件的轴向尺寸小而径向尺寸较大,一般有一个端面是与其他零件连接的重要接触面,这类零件上常有退刀槽、凸台、四坑、倒角、圆角、轮齿、轮辐、筋板、螺孔、键槽和作为定位或连接用的孔等结构。

7.2.2.2 盘盖类零件常用表达方法

由于盘盖类零件的多数表面是在车床上加工的,为方便工人对照看图,主视图往往按加工位置摆放。

①选择垂直于轴线的方向作为主视图的投射方向,主视图轴线侧垂放置。

②若有内部结构,主视图常采用半剖或全剖视图或局部剖视图表达。

③一般还需左视图或右视图表达轮盘上连接孔或轮辐、筋板等的数目和分布情况。

④还未表达清楚的局部结构,常用局部视图、局部剖视图、断面图和局部放大图等补充表达。

7.2.2.3 盘盖类零件案例分析

（1）案例呈现

绘制图 7-12 所示盘盖类零件。

（2）设计思路

该盘盖为圆形盘盖，可以选取圆心为坐标原点，利用旋转命令得到。

（3）实战步骤

单击命令管理器中的【草图】，选择草图工具栏中的【草图绘制】命令按钮，进入草图绘制。选择特征管理设计树中的右视基准面作为草图绘制平面，进入草图绘制界面。绘制出图 7-13 所示的草图。

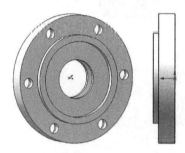

图 7-12　盘盖类零件

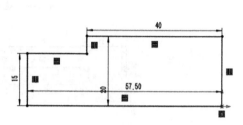

图 7-13　草图的绘制 1

利用旋转命令，得到图 7-14 所示的实体。

再次选择右视基准面，绘制图 7-15 所示的草图。

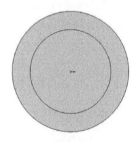

图 7-14　旋转得到的实体

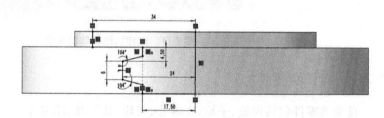

图 7-15　草图的绘制 2

利用旋转切除命令，得到图 7-16 所示的实体。

选择实体底面为基准面，绘制图 7-17 所示的草图。

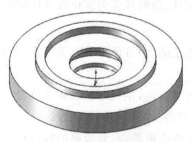

图 7-16　旋转切除得到的实体

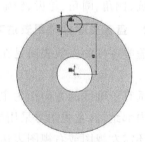

图 7-17　草图的绘制 3

利用拉伸切除命令，切除深度为 9 mm，得到图 7-18 所示的实体。

选择图 7-19 中所示的面为基准面，绘制图 7-19 所示的草图。

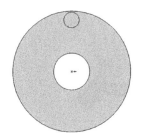 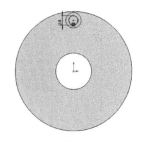

图 7-18　拉伸切除得到的实体 1　　　　图 7-19　草图的绘制 4

利用拉伸切除命令,选择成形到下一面,得到图 7-20 所示的实体。

利用圆周镜像命令,镜像实体为 6 个,得到图 7-21 所示的实体。

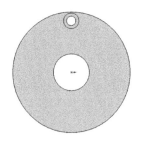 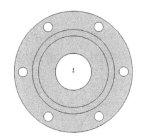

图 7-20　拉伸切除得到的实体 2　　　　图 7-21　镜像得到的实体

绘制完成,保存文件。

7.2.3　叉架类零件

7.2.3.1　叉架类零件结构特点

叉架类零件包括各种用途的拨叉和支架。拨叉主要用在机床、内燃机等各种机器的操纵机构上,用以操纵机器、调节速度等。支架主要起支撑和连接作用,其结构形状虽然千差万别,但按其功能可分为工作、安装固定和连接三个部分,常为铸件和锻件。

7.2.3.2　叉架类零件常用表达方法

①常以工作位置放置或将其放正,主视图常根据结构特征选择,以表达它的形状特征、主要结构和各组成部分的相互位置关系。

②叉架类零件的结构形状较复杂,视图数量多在两个以上,根据其具体结构常选用移出断面、局部视图、斜视图等表达方式。

③由于安装基面与连接板倾斜,考虑该件的工作位置可能较为复杂,故将零件按放正摆放,选择最能反映零件各部分的主要结构特征和相对位置关系的方向设计,即零件处于连接板水平、安装基面正垂、工作轴孔铅垂的位置。

7.2.3.3　叉架类零件案例分析

(1)案例呈现

绘制图 7-22 所示的叉架类零件。

(2)设计思路

该零件结构复杂,可以分为左边的套筒、右边的叉头和中间的连接部分,由于中间连接部分与两端部分是曲面连接,所以应先绘制两端的部分,选取其中一端的中心为坐标原点,再以该原点建立一个相对坐标系,绘制另外一端。

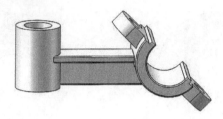

图 7-22　叉架类零件

（3）实战步骤

单击命令管理器中的【草图】，选择草图工具栏中的【草图绘制】命令按钮⌐，进入草图绘制。选择特征管理设计树中的右视基准面作为草图绘制平面，进入草图绘制界面。绘制出图 7-23 所示的草图。

利用拉伸命令得到图 7-24 所示的实体。

利用镜像命令得到图 7-25 所示的实体。

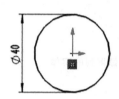　

图 7-23　草图的绘制 1　　图 7-24　拉伸得到的实体 1　　图 7-25　镜像得到的实体 1

建立图 7-26 所示的中心线。

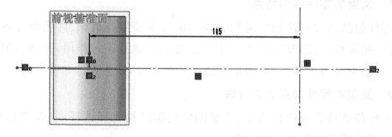

图 7-26　中心线的建立

绘制图 7-27 所示的草图。

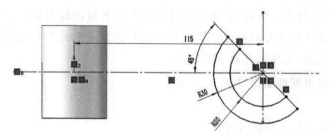

图 7-27　草图的绘制 2

利用拉伸命令，拉伸长度为 32 mm，得到图 7-28 所示的实体。

利用镜像命令，得到图 7-29 所示的实体。

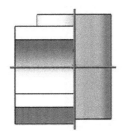

图 7-28　拉伸得到的实体 2

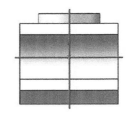

图 7-29　镜像得到的实体 2

选择图 7-30 中的面为基准面,绘制图 7-30 所示的草图。

利用拉伸命令,拉伸长度为 2 mm,得到图 7-31 所示的实体。

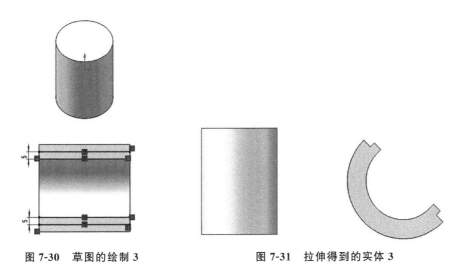

图 7-30　草图的绘制 3　　　　　　　　　图 7-31　拉伸得到的实体 3

选择图 7-32 中的面为基准面,绘制图 7-32 所示的草图。

利用拉伸命令,拉伸长度为 9 mm,得到图 7-33 所示的实体。

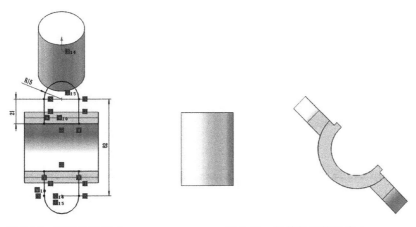

图 7-32　草图的绘制 4　　　　　　　　　图 7-33　拉伸得到的实体 4

选择图 7-34 中所示的面为基准面,绘制图 7-34 所示的草图。

利用拉伸切除命令,选择成形到下一面,得到图 7-35 所示的实体。

利用倒角命令,倒角大小为 1 mm,得到图 7-36 所示的实体。

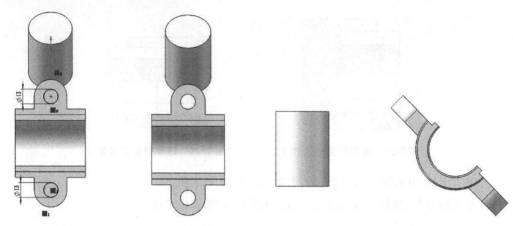

图 7-34　草图的绘制 5　图 7-35　拉伸切除后的实体　　　　图 7-36　倒角后的实体

选择右视基准面,绘制图 7-37 所示的草图。

利用拉伸命令,选择成形到一面,得到图 7-38 所示的实体。

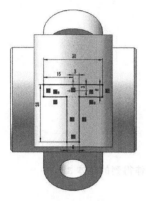

图 7-37　草图的绘制 6

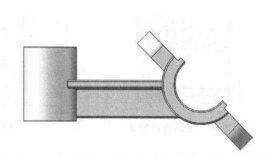

图 7-38　拉伸得到的实体 5

选择图 7-39 中的面为基准面,绘制图 7-39 所示的草图。

利用拉伸切除命令,得到图 7-40 所示的实体。

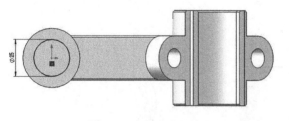

图 7-39　草图的绘制 7

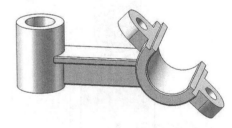

图 7-40　拉伸切除得到的实体

绘制完成,保存文件。

7.2.4　箱体类零件

7.2.4.1　箱体类零件结构特点

箱体类零件是机器或部件上的主体零件之一,其结构形状往往比较复杂。

7.2.4.2 箱体类零件常用表达方法

①通常以最能反映其形状特征及结构间相对位置的一面作为主视图的投射方向。以自然安放位置或工作位置作为主视图的摆放位置(即零件的摆放位置)。

②一般需要两个或两个以上的基本视图才能将其主要结构形状表示清楚。

③一般要根据具体零件选择合适的视图、剖视图、断面图来表达其复杂的内外结构。

④往往还需局部视图或局部剖视图或局部放大图来表达尚未表达清楚的局部结构。

7.2.4.3 箱体类零件案例分析

(1)案例呈现

绘制图 7-41 所示箱体类零件。

图 7-41 箱体类零件

(2)设计思路

分析实物图可得,该零件腔体部分和支撑板部分结构比较复杂,所以把坐标原点放在支撑板侧面的圆柱形箱体的圆心处。首先绘制出支撑板,在支撑板的基础上绘制出底板和箱体。

(3)实战步骤

单击命令管理器中的【草图】,选择草图工具栏中的【草图绘制】命令按钮 ,进入草图绘制。选择特征管理设计树中的前视基准面作为草图绘制平面,进入草图绘制界面。绘制出图 7-42 所示的草图。

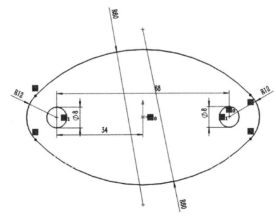

图 7-42 草图的绘制 1

利用拉伸命令,拉伸长度为 13 mm,得到图 7-43 所示的实体。

选择前视基准面,绘制图 7-44 所示的草图。

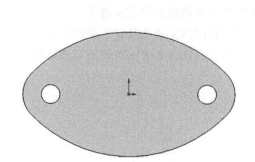

图 7-43　拉伸得到的实体 1

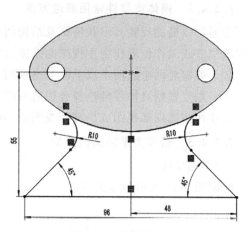

图 7-44　草图的绘制 2

利用拉伸命令,拉伸长度为 9 mm,得到图 7-45 所示的实体。

选择实体底面为基准面,绘制图 7-46 所示的草图。

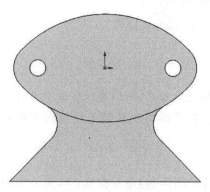

图 7-45　拉伸得到的实体 2

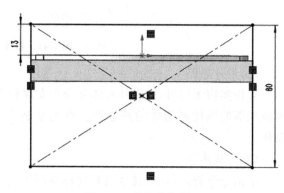

图 7-46　草图的绘制 3

利用拉伸命令,拉伸长度为 10 mm,得到图 7-47 所示的实体。

选择图 7-48 中的面为基准面,绘制图 7-48 所示的草图。

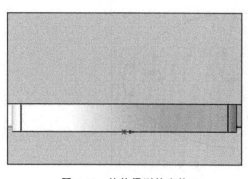

图 7-47　拉伸得到的实体 3

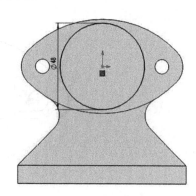

图 7-48　草图的绘制 4

利用拉伸命令,拉伸长度为 3 mm,得到图 7-49 所示的实体。

利用上一步中的草图再次反向拉伸,拉伸长度为 75 mm,得到图 7-50 所示的实体。

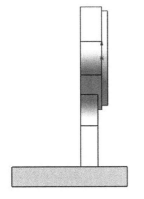

图 7-49　拉伸得到的实体 4

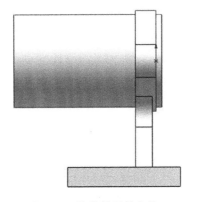

图 7-50　拉伸得到的实体 5

选择图 7-51 中的面为基准面,绘制图 7-51 所示的草图。

利用拉伸命令,拉伸长度为 13 mm,得到图 7-52 所示的实体。

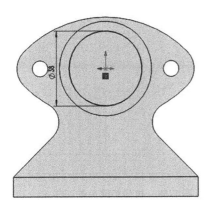

图 7-51　草图的绘制 5

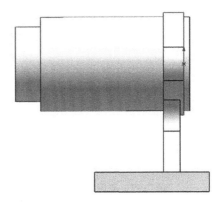

图 7-52　拉伸得到的实体 6

选择右视基准面,绘制图 7-53 所示的草图。

利用筋特征,宽度为 12 mm,得到图 7-54 所示的实体。

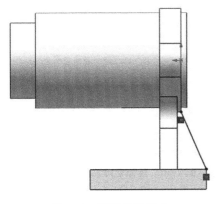

图 7-53　草图的绘制 6

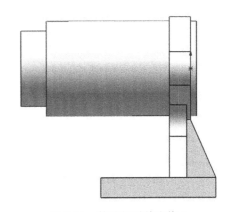

图 7-54　筋特征后的实体 1

选择右视基准面,绘制图 7-55 所示的草图。

再次利用筋特征,宽度为 12 mm,得到图 7-56 所示的实体。

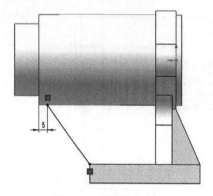

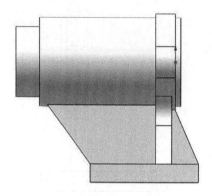

图 7-55　草图的绘制 7　　　　　　　图 7-56　筋特征后的实体 2

选择图 7-57 中的面为基准面,绘制图 7-57 所示的草图。

利用拉伸切除命令,切除深度为 13 mm,得到图 7-58 所示的实体。

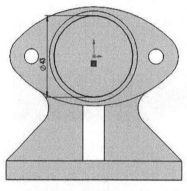

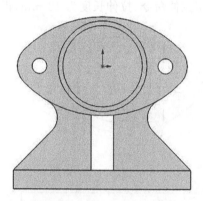

图 7-57　草图的绘制 8　　　　　　　图 7-58　拉伸切除后的实体 1

选择图 7-59 中的面为基准面,绘制图 7-59 所示的草图。

利用拉伸切除命令,切除深度为 58 mm,得到图 7-60 所示的实体。

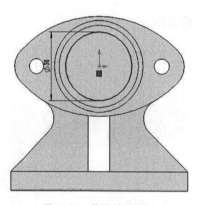

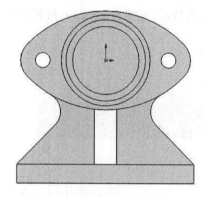

图 7-59　草图的绘制 9　　　　　　　图 7-60　拉伸切除后的实体 2

选择图 7-61 中的面为基准面,绘制图 7-61 所示的草图。

利用拉伸切除命令,选择成形到下一面,得到图 7-62 所示的实体。

选择实体底面为基准面,绘制图 7-63 所示的草图。

利用拉伸切除命令,选择成形到下一面,得到图 7-64 所示的实体。

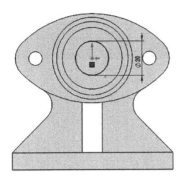

图 7-61　草图的绘制 10

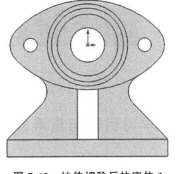

图 7-62　拉伸切除后的实体 3

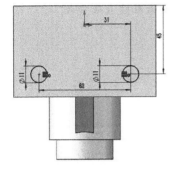

图 7-63　草图的绘制 11

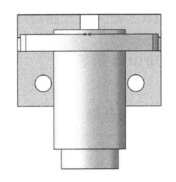

图 7-64　拉伸切除后的实体 4

利用圆角命令,圆角半径为 5 mm,得到图 7-65 所示的实体。

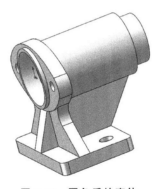

图 7-65　圆角后的实体

绘制完成,保存文件。

8.1   学习目标与重难点

装配体是 SolidWorks 软件的三大基本功能之一,它将零件在软件环境中进行虚拟装配,并进行相关的分析。装配体文件的首要功能是描述产品零件之间的配合关系。本章主要介绍装配体设计基础知识、装配体特征、装配体检查和建立爆炸图。

 8.2   知识点解密

8.2.1   装配思路与基础

装配体功能可以生成由许多零部件所组成的复杂装配体,这些零部件可以是零件,也可以是其他装配体(子装配体)。要实现对零部件的装配,首先必须创建一个装配体文件。

8.2.1.1   创建装配体文件

单击标准工具栏上的【新建】按钮,或者选择菜单栏中的【文件】|【新建】命令,也可以使用快捷键 Ctrl+N,系统弹出【新建 SOLIDWORKS 文件】对话框,如图 8-1 所示。

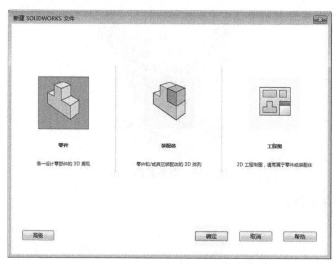

图 8-1 【新建 SOLIDWORKS 文件】对话框

单击该对话框中的【装配体】按钮,单击【确定】按钮,进入 SolidWorks 2017 的装配工作界面,如图 8-2 所示,系统自动弹出开始装配体属性管理器,如图 8-3 所示。

开始装配体属性管理器中各选项的含义如下:

(1)【要插入的零件/装配体】选项组

单击【浏览】按钮,可以打开现有零件文件。

图 8-2　装配体工作界面

（2）【缩略图预览】选项组

展开此选项组，打开文档列表中选中的零件，在此窗口生成预览。

（3）【选项】选项组

生成新装配体时开始命令：当生成新装配体时，选择以打开此属性设置。

图形预览：在图形区域中看到所选文件的预览。

使成为虚拟：使零部件成为虚拟零件。

封套：用于固定一系列零件的位置。

8.2.1.2　插入零部件

单击装配体工具栏中的【插入零部件】命令按钮 ，系统弹出插入零部件属性管理器，如图 8-4 所示。该属性管理器中各选项的含义与开始装配体属性管理器中的各选项含义相同。

图 8-3　开始装配体属性管理器

图 8-4　插入零部件属性管理器

单击【浏览】按钮，系统弹出【打开】对话框，如图 8-5 所示，找到要插入的零部件文件，按住 Ctrl 键，可以选择多个零件。单击【打开】按钮，在绘图区中合适位置单击，确定零部件的插入位置，完成插入。

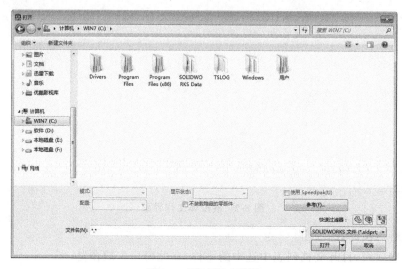

图 8-5 【打开】对话框

8.2.2 零部件配合关系

零件调入装配环境时，其位置与配合的尺寸都没有确定，在 SolidWorks 2017 环境中，提供了各种配合方式。可根据设计尺寸确定零件在装配组件中的相对位置与配合关系。

单击装配体工具栏中的【配合】命令按钮，系统弹出配合属性管理器，如图 8-6 所示。

在配合属性管理器中有三种配合方式：

8.2.2.1 标准配合

标准配合是装配体中最为常用的一组配合方式。图 8-7 所示为标准配合类型，含义如下：

图 8-6 配合属性管理器

图 8-7 标准配合类型

∧重合：选择两个零部件的边线、面、基准面或顶点参照，使它们重合在一起。

\\平行：选择两个零部件的面、基准面参照，使它们平行并保持等间距。

⊥垂直：选择两个零部件的面、基准面参照，使它们以 90 度位置放置。

⋏相切：将选择的两个零部件以相切的方式进行放置，其中至少有一个选择项必须为球面、圆柱面或圆锥面。

◎同轴心：将选择的两个零部件放置于共享同一中心线。

🔒锁定：保持两个零部件之间的相对位置和方向。

⊬距离：通过设定距离数值来定义选择的两个零部件之间的放置位置。

⊿角度：通过设定角度值来定义选择的两个零部件之间的放置位置。

8.2.2.2　高级配合

高级配合是利用零件在装配组件中的特殊位置，来完成各种复杂装配组件的。图 8-8 所示为高级配合类型，含义如下：

◉轮廓中心：会自动将几何轮廓的中心相互对齐并完全定义零部件。

⌀对称：使选择的两个相同的零部件绕基准面或平面对称。

⦀宽度：通过选择要配合的实体作为参照，将选择的薄片宽度定位于凹槽宽度内的中心。

⌇路径配合：将所选零部件上的点约束到选择的路径。

⤒线性/线性耦合：在一个零部件的平移和另一个零部件的平移之间建立几何关系。

⊬距离限制：定义距离数值来限制零部件移动，可定义配合的最大和最小范围。

⊿角度限制：定义角度数值来限制零部件移动，可定义配合的最大和最小范围。

8.2.2.3　机械配合

SolidWorks 2017 提供了特殊机械零件的配合方式，包括凸轮、槽口、铰链、齿轮、齿条小齿轮、螺旋和万向节。图 8-9 所示为机械配合类型，含义如下：

图 8-8　高级配合类型

图 8-9　机械配合类型

⌒凸轮：将圆柱、基准面或点与一系列相切的拉伸面重合或相切。

⌀槽口：使滑块在槽口中滑动。

▦铰链：将两个零部件之间的移动限制在一定的旋转范围内。

⚙齿轮：使两个零部件绕所选轴彼此相对而旋转，即通过一个零部件的旋转带动另一个零部件旋转。

    齿条小齿轮:通过一个零件(齿条)的线性平移引起另一个零件(齿轮)的旋转。

    螺旋:将两个零部件约束为同心,通过一个零部件的旋转引起另一个零部件的平移。

    万向节:通过选择两个零部件的边线进行配合。当旋转零部件时,选择的两零部件的边线始终呈对齐状态。

8.2.3 零部件编辑

对于 SolidWorks 2017 装配体中插入的零部件,在进行装配时可以对其进行一些编辑,以便于装配。

8.2.3.1 零部件的显示状态

SolidWorks 2017 装配体环境中,零部件有显示和隐藏两种状态。通过设置装配体文件中零部件的显示状态,可以将装配体文件中暂时不需要修改的零部件隐藏起来。零部件的显示和隐藏不影响零部件的本身,只是改变在装配体中的显示状态。

切换零部件显示状态的三种常用方法如下:

(1)快捷菜单方式

在图形区域中,单击需要隐藏的零部件,在弹出的左键快捷菜单中单击【隐藏零部件】按钮,如图 8-10 所示。如果需要显示隐藏的零部件,则用鼠标右键单击图形区域,在弹出的右键快捷菜单中单击【显示隐藏的零部件】命令,如图 8-11 所示。

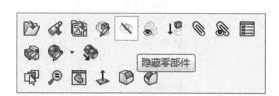

        图 8-10 左键快捷菜单   图 8-11 右键快捷菜单

(2)菜单方式

在图形区域中,选择需要隐藏的零部件,然后单击菜单栏中的【编辑】|【隐藏】|【当前显示状态】命令,将所选零部件切换到隐藏状态。选择需要显示的零部件,然后单击菜单栏中的【编辑】|【显示】|【当前显示状态】命令,将所选的零部件切换到显示状态。

(3)快捷键方式

将鼠标光标放到需要隐藏的零部件上,按 Tab 键可实现零部件的快速隐藏;将鼠标光标放到零部件隐藏的位置,按 Shift＋Tab 键可实现快速显示隐藏的零部件。

8.2.3.2 零部件的压缩状态

根据某段时间内的工作范围,可以指定合适的零部件压缩状态,这样可以减少工作时装入和计算的数据量,装配体的显示和重建速度会更快,也可以更有效地使用系统资源。装配体零部件共有三种压缩状态。

(1)还原

还原是装配体零部件的正常状态。完全还原的零部件会完全装入内存,可以使用所有功能及模型数据,并可以完全访问、选取、参考、编辑、在配合中使用实体。从装配体中移除,零部件完全装入内存,也不再是装配体中有功能的部分,用户无法看到压缩的零部件,也无法选择这个零件的实体。

(2)压缩

可以使用压缩状态暂时从装配体中移除(而不是删除),零部件不装入内存,也不再是装配体中有功能的部分,用户无法看到压缩的零部件,也无法选择这个零件的实体。

压缩状态零部件包含的配合关系也被压缩,因此装配体中零部件的位置可能变为"欠定义",参考压缩零部件的关联特征也可能受影响,当恢复压缩的零部件为完全还原状态时,可能会产生矛盾,所以在生成模型时必须小心使用压缩状态。

(3)轻化

可以在装配体中激活的零部件完全还原或者轻化时装入装配体,零件和子装配体都可以轻化。

零部件的完整模型数据只有在需要时才被装入,所以轻化零部件的效率很高。只有受当前编辑进程中所做更改影响的零部件才被完全还原,可以对轻化零部件不还原而进行多项装配体操作,包括添加(或移除)配合、干涉检查、边线(或者面)选择、零部件选择、碰撞检查、装配体特征、注解、测量、尺寸、截面属性、装配体参考几何体、质量属性、剖面视图、爆炸视图、高级零部件选择、物理模拟、高级显示(或者隐藏)零部件等。

8.2.4 智能扣件

使用智能扣件页为使用异型孔向导孔和非异型孔向导孔的扣件设置默认值和设定。在SolidWorks中,单击装配体工具栏中的【智能扣件】命令按钮,或者选择菜单栏中的【插入】|【智能扣件】命令。

(1)螺垫大小

根据智能扣件的大小,从选项中选择以限制可用的螺垫类型。

【完全相配】:将可用类型限制到与扣件大小完全匹配的螺垫。

【大小公差】:将可用类型限制到在输入的公差内与扣件大小匹配的孔直径。

【无限制】:使所有螺垫类型都可使用。

(2)自动扣件更改

当硬件层叠变化时,可使扣件的长度变化;当扣件大小变化时,可以使层叠硬件大小变化。更改扣件长度以确保启用最少螺纹线,调整扣件长度以满足螺纹线需求。

【螺纹线超越螺母】:增加扣件长度以确保指定螺纹线数量超越螺母。

【直径进入螺纹孔的倍数】:根据扣件直径的倍数设置扣件啮合螺纹孔的最小长度。

(3)默认扣件

可以指定默认的智能扣件零部件,以用于不同的标准和孔系列。

【与异型孔向导孔合用的扣件】:为异型孔向导孔的每个孔标准指定默认扣件。

【与非异型孔向导孔合用的扣件】:为非异型孔向导孔指定默认的孔标件和扣件。

8.2.5 零部件放置

当零部件插入装配体后,可以移动、旋转零部件或固定它的位置,从而可以大致确定零部件的位置,然后使用配合关系来精确地定位零部件。

图 8-12 移动零部件属性管理器

8.2.5.1 移动零部件

在 SolidWorks 2017 的特征管理设计树中,凡是前面带有"—"符号的零部件都是可以移动的,鼠标左键选中插入装配体中的某个零部件,可以将其拖动到任意位置。

单击装配体工具栏中的【移动零部件】命令按钮 ,或者选择菜单栏中的【工具】|【零部件】|【移动】命令,系统弹出移动零部件属性管理器,如图 8-12 所示。

在移动零部件属性管理器中,移动零部件的类型包括【自由拖动】【沿装配体 XYZ】【沿实体】【由 Delta XYZ】和【到 XYZ 位置】5 种,如图 8-13 所示。

自由拖动:系统默认选项,可以在视图中把选中的零部件拖到任意位置。

沿装配体 XYZ:选择零部件并沿着装配体的 X、Y 或 Z 方向拖动。视图中显示的装配体坐标系可以确定移动的方向,在移动前要在想要移动的方向的轴附近单击鼠标。

沿实体:选择实体,然后选择零部件并沿该实体拖动。

由 Delta XYZ:在属性管理器中输入移动三角 X、Y、Z 的范围,如图 8-14 所示,单击【应用】按钮,零部件按照指定的数值移动。

到 XYZ 位置:选择零部件的一点,在属性管理器中输入 X、Y 或 Z 坐标,如图 8-15 所示,单击【应用】按钮,零部件的点移动到指定的坐标位置。如果选择的项目不是点,则零部件的原点会移动到指定的坐标处。

图 8-13 移动零部件的类型

图 8-14 【由 Delta XYZ】

图 8-15 【到 XYZ 位置】

8.2.5.2 旋转零部件

在 SolidWorks 2017 的特征管理设计树中,凡是前面带有"—"符号的零部件都是可以旋转的。

单击装配体工具栏中的【旋转零部件】命令按钮 ,或者选择菜单栏中的【工具】|【零部件】|【旋转】命令,系统弹出旋转零部件属性管理器,如图 8-16 所示。

在旋转零部件属性管理器中,旋转零部件的类型包括【自由拖动】【对于实体】和【由 Delta XYZ】3 种,如图 8-17 所示。

图 8-16 旋转零部件属性管理器　　图 8-17 旋转零部件的类型

自由拖动:选择零部件并沿任意方向旋转拖动。

对于实体:选择一条直线、边线或轴,然后围绕所选实体旋转零部件。

由 Delta XYZ:在属性管理器中输入旋转 Delta XYZ 的范围,然后单击【应用】按钮,零部件按照指定的数值进行旋转。

8.2.6 装配体特征

装配体特征是在装配体环境下生成的特征实体,虽然装配体特征改变了装配体的形态,但对零件并不产生影响。装配体特征主要包括切除和孔,适用于展示装配体的剖视图。

在装配体窗口中,选择菜单栏中的【插入】【装配体特征】|【切除】命令,该菜单下展开有三种切除方式,即拉伸、旋转和扫描,其属性管理器如图 8-18 所示。

图 8-18 装配体的三种切除特征的属性管理器

这三种切除方式的属性管理器与特征建模中的拉伸切除、旋转切除、扫描切除基本相同,唯一不同的是属性管理器下多了一个【特征范围】选项组。

【特征范围】选项组控制切除应用到的零部件,选项组中各选项的含义如下:

所有零部件:每次特征重新生成时,都要应用到所有的实体。如果将被特征所交叉的新实体添加到模型上,则这些新实体也被重新生成以将该特征包括在内。

所选零部件:应用特征到选择的零部件。

将特征传播到零件:将装配体中的切除特征应用到零部件文件上。

自动选择:当以多实体零件生成模型时,特征将自动处理所有相关的交叉零件。

影响到的零部件:在取消选择【自动选择】选项时可以使用,在图形区域中选择受影响的实体。

8.2.7 装配体检查

装配体检查主要包括碰撞测试、动态间隙、干涉检查和装配体统计等,用来检查装配体各个零部件装配后装配的正确性、装配信息等。

8.2.7.1 碰撞测试

在 SolidWorks 2017 装配体环境中,移动或者旋转零部件时,系统提供了检查其与其他零部件的碰撞情况。在进行碰撞测试时,零件须做适当的配合,但是不能完全限制配合,否则零件无法移动。

单击装配体工具栏中的【移动零部件】命令按钮 或者【旋转零部件】命令按钮 ,系统弹出移动零部件属性管理器或者旋转零部件属性管理器。在【选项】选项组中单击【碰撞检查】和【所有零部件之间】单选按钮,勾选【碰撞时停止】复选框,则碰撞时零件会停止运动;在【高级选项】选项组中勾选【高亮显示面】复选框和【声音】复选框,则碰撞时零件会亮并且计算机会发出碰撞的声音。碰撞设置如图 8-19 所示。

8.2.7.2 动态间隙

动态间隙用于在零部件移动过程中,动态显示两个零部件之间的距离。

单击装配体工具栏中的【移动零部件】命令按钮 ,系统弹出移动零部件属性管理器,勾选【动态间隙】复选框,在列表框中选择两个零部件,然后单击【恢复拖动】按钮,拖动其中一个零部件移动时,其距离会实时地改变。动态间隙设置如图 8-20 所示。

图 8-19 碰撞设置

图 8-20 动态间隙设置

注意: 在改变动态间隙设置时,在指定间隙停止一栏中输入的值,用于确定两零件之间停止的距离。当两零件之间的距离为该值时,零件就会停止运动。

8.2.7.3 干涉检查

在一个复杂的装配体中,用视觉来检查零部件之间是否存在干涉的情况是件困难的事情。在 SolidWorks 装配体中可以进行干涉检查,其功能如下:

①决定零部件之间的干涉。

②显示干涉的真实体积为上色体积。

③更改干涉和不干涉零部件的显示设置以便于查看干涉。

④选择忽略想要排除的干涉,如紧密配合、螺纹扣件的干涉等。

⑤选择将实体之间的干涉包括在多实体零件内。

⑥选择将子装配体看成单一零部件。

⑦将重合干涉和标准干涉分开来。

单击【评估】选项卡上的【干涉检查】命令按钮 ,系统弹出干涉检查属性管理器,如图 8-21 所示。

图 8-21 干涉检查属性管理器

干涉检查属性管理器中各选项含义如下:

(1)【所选零部件】选项组

要检查的零部件:显示为干涉检查所选择的零部件。默认情况下,除非预选了其他的零部件,否则列表框中将显示顶层装配体。当检查 装配体的干涉情况时,其所有零部件都将被检查。如果选取单一零部件,则只报告涉及该零部件的干涉。如果选择两个或更多零部件,则仅报告所选零部件之间的干涉。

(2)【排除的零部件】选项组

勾选此选项组,可以选择排除某些零件,计算干涉时该零件上的干涉不计入结果。

(3)【结果】选项组

结果列表框:显示检测到的干涉,每个干涉的体积出现在每个列举项的右边。

忽略/解除忽略:单击此按钮为所选干涉在忽略和解除忽略模式之间转换。

零部件视图:按零部件名称而不按干涉号显示干涉。

(4)【选项】选项组

视重合为干涉:将重合实体报告为干涉。

显示忽略的干涉:选择以在结果清单中以灰色图标显示忽略的干涉。

视子装配体为零部件:当取消选中此复选框时,子装配体被看成单一零部件,这样子装配体的零部件之间的干涉将不报告。

包括多体零件干涉:选择此复选框时,报告多实体零件中实体之间的干涉。

使干涉零件透明:选择此复选框时,以透明模式显示所选干涉的零部件。

生成扣件文件夹:选择此复选框时,将扣件之间的干涉隔离为在【结果】列表框中的单独文件夹。

(5)【非干涉零部件】选项组

该选项组设置以何种模式显示非干涉的零部件,模式包括【线架图】【隐藏】【透明】【使用当前项】。

8.2.7.4　装配体统计

SolidWorks 提供了对装配体进行统计报告的功能,即装配体统计,通过装配体统计可以在装配体中生成零部件和配合报告。

在 SolidWorks 2017 装配体窗口中,选择【评估】|【性能评估】命令按钮,弹出性能评估对话框,如图 8-22 所示。

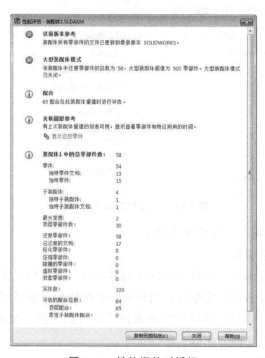

图 8-22　性能评估对话框

性能评估对话框中各选项的含义如下:

【零件】:统计的零件数包括装配体中所有的零件,无论是否被压缩,但是被压缩的子装配体不包括在统计中。

【子装配体】:统计装配体文件中包含的子装配体数。

【还原零部件】:统计装配体文件中处于还原状态的零部件个数。

【压缩零部件】:统计装配体文件中处于压缩状态的零部件个数。

【顶层配合】:统计最高层装配体文件中所包含的配合关系数。

8.2.8 建立爆炸图

在零部件装配体完成后,为了直观地分析各个零件之间的相互关系,通常将装配图按照零部件的配合条件生成爆炸视图,在爆炸视图中可以分离其中的零部件以便查看这个装配体。

单击装配体工具栏中的【爆炸视图】命令按钮💣,系统弹出爆炸属性管理器,如图 8-23 所示。

图 8-23　爆炸属性管理器

爆炸属性管理器中各选项的含义如下:

(1)【爆炸步骤类型】选项组

该选项组包括常规步骤(平移和旋转)和径向步骤两种类型。

(2)【爆炸步骤】选项组

该选项组显示现有的爆炸步骤,爆炸步骤表示爆炸到单一位置的一个或多个所选零部件。

(3)【设定】选项组

🔷爆炸步骤零部件:显示当前爆炸步骤所选的零部件。

↗爆炸方向:显示当前爆炸步骤所选的方向。

🔷爆炸距离:显示当前爆炸步骤零部件移动的距离。

🔄爆炸轴:选择零部件旋转的参考轴。

🔷爆炸角度:输入零部件的旋转角度。

应用:单击此按钮以预览对爆炸步骤的更改。

完成:单击此按钮以完成新的或已更改的爆炸步骤。

(4)【选项】选项组

拖动时自动调整零部件间距:沿轴心自动均匀地分布零部件组的间距。

÷调整零部件链之间的间距:移动该选项中的滑块后,系统会自动调整零部件间距。

选择子装配体零件:选择此复选框,可选择子装配体的单个零部件,取消此复选框可选择整个子装配体。

显示旋转环:选择此项,在爆炸预览中将显示旋转环,通过移动这三个旋转环可将零件绕对应的轴旋转一定角度。

重新使用子装配体爆炸:单击此按钮,使用先前在所选子装配体中定义的爆炸步骤。

 ## 8.3 实战演练

8.3.1 案例呈现

绘制图 8-24 所示的 S 形无碳小车装配示意图。

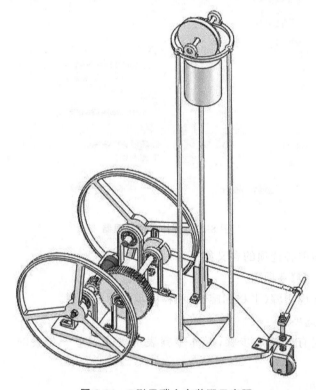

图 8-24 S 形无碳小车装配示意图

8.3.2 设计思路

本章节我们主要介绍了装配,在本例中我们主要讲解 S 形无碳小车的装配。

首先研究一下图示无碳小车的各个零部件和结构,装配的基本命令有同轴心、平行、重合、距离配合以及机械配合和高级配合等;随后可以确定一下大概的思路,用什么命令约束配合;最后开始对零部件进行装配。

8.3.3 实战步骤

（1）插入零件

①启动 SolidWorks 2017 软件，单击标准工具栏中的【新建】按钮 📄，弹出【新建 SOLIDWORKS 文件】对话框，单击【装配体】按钮，如图 8-25 所示，单击【确定】按钮。

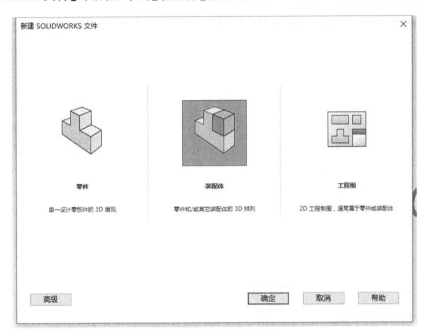

图 8-25 单击【装配体】按钮

②弹出开始装配体属性管理器，单击【浏览】按钮，选择需要装配的零件，单击【打开】按钮。在图形区域中单击以放置零件。

单击装配体工具栏中的【插入零部件】命令按钮，将装配体所需所有零部件放置在图形区域内，如图 8-26 所示。

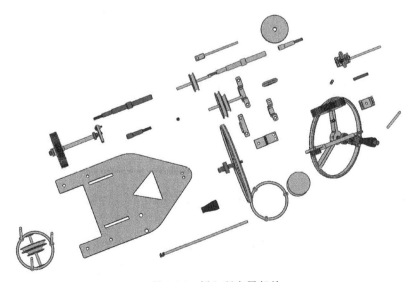

图 8-26 插入所有零部件

（2）设置配合

①为了便于进行装配约束,将零部件进行旋转。单击装配体工具栏中的【旋转零部件】命令按钮,弹出旋转零部件属性管理器,将零部件旋转至合适位置,单击【确定】按钮。

②单击装配体工具栏中的【配合】命令按钮,弹出配合属性管理器。单击【标准配合】选项下的【重合】按钮,在【要配合的实体】选择框中选择图 8-27 所示的面,其他保持默认,单击【确定】按钮,完成配合。

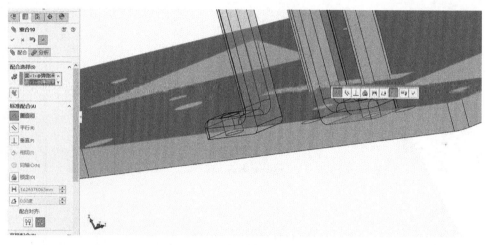

图 8-27　重合配合

③单击【标准配合】选项下的【同轴心】按钮,在【要配合的实体】选择框中选择图 8-28 所示的面,其他保持默认,单击【确定】按钮,完成配合。

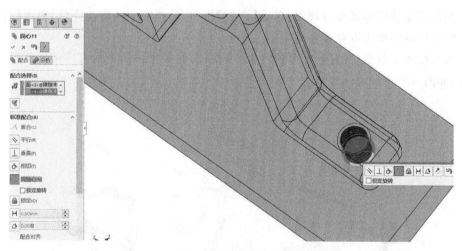

图 8-28　同轴心配合 1

④单击【标准配合】选项下的【同轴心】按钮,在【要配合的实体】选择框中选择图 8-29 所示的面,其他保持默认,单击【确定】按钮,完成配合。

⑤单击【标准配合】选项下的【距离】按钮,在【要配合的实体】选择框中选择图 8-30 所示的面,在弹出的文本框中输入 34.18 mm,其他保持默认,单击【确定】按钮,完成配合。

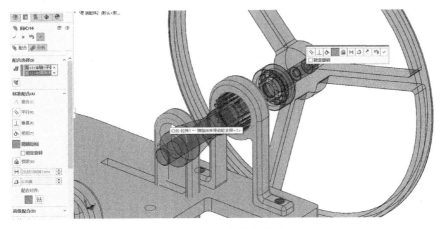

图 8-29　同轴心配合 2

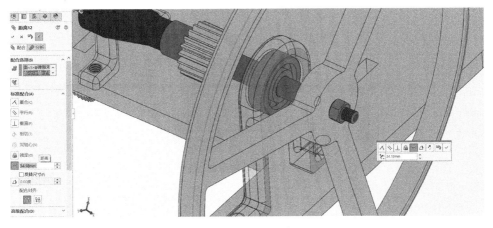

图 8-30　距离配合

⑥单击【机械配合】选项下的【齿轮】按钮,在【要配合的实体】选择框中选择图 8-31 所示的面,其他保持默认,单击【确定】按钮,完成配合。

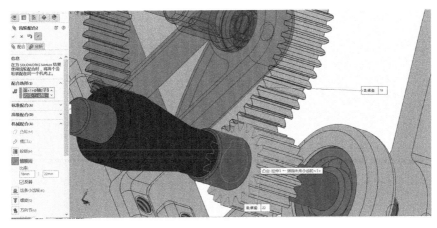

图 8-31　齿轮配合

125

⑦其余配合命令类似,不再一一列举。配合完成后的状态如图 8-32 所示。

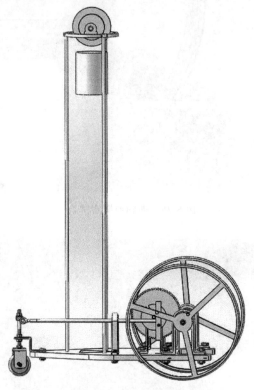

图 8-32　完成装配体配合

第9章 动画与仿真

9.1 学习目标与重难点

本章主要介绍了 SolidWorks 动画与仿真的制作,需要重点掌握时间栏里键码的设定、马达和力的添加。学习完本章后要能够制作简单的仿真动画,了解动画与仿真制作的一般过程。

9.2 知识点解密

9.2.1 动画与仿真制作基础

9.2.1.1 动画与仿真简介

SolidWorks 的动画仿真是基于装配约束的,在装配体中通过添加配合来约束零部件的自由度。在自由状态下,每个零件具有 6 个自由度,可以朝 X、Y、Z 轴方向任意移动或者绕轴旋转。当某个方向的自由度通过配合约束限制后,该方向的移动或旋转也会相应受到限制。例如,轴和孔添加同轴心配合后,轴只能沿孔的中心线方向移动或绕中心轴线旋转,即构成一个转动副。当两个面之间添加重合配合后,相配合的两个零部件之间在相对运动时将始终保持某两个面的接触。装配体中被固定的零部件或 6 个自由度全部被约束的零部件,在动画仿真时,将不能相对于其他零部件移动或旋转。

在 SolidWorks 装配体环境下,单击【视图】|【工具栏】|【MotionManager】,在特征管理区底部将会显示运动仿真属性管理页 运动算例1 ,单击【运动算例1】即可切换到运动仿真属性管理界面,如图 9-1 所示。

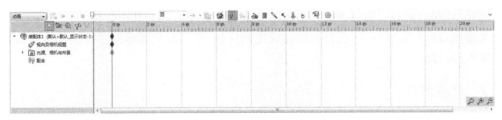

图 9-1 运动仿真属性管理界面

9.2.1.2 运动算例简介

(1)运动算例工具

算例类型 动画 ▼:可调节运动类型的逼真程度,包括动画、基本运动和 Motion 分析。

计算 :单击此按钮,部件的视象属性将会随着动画的进程而变化。

从头播放▶▍:重新设定部件并播放模拟,在计算模拟后使用。

播放▶:从当前时间栏位置播放模拟。

停止■:停止播放模拟。

播放速度▨ ▾：设定播放速度乘数或总的播放持续时间。

播放模式→▍▾:包括正常、循环和往复。正常:一次性从头到尾播放。循环:从头到尾连续播放,然后从头反复,继续播放。往复:从头到尾连续播放,然后从尾反放。

保存动画▓:将动画保存为 AVI 或其他类型。

动画向导▓:在当前时间栏位置插入基本动画。

自动键码▓:当按下此按钮时,在移动或更改零部件时自动放置新键码。再次单击可取消自动放置新键码。

添加/更新键码▓:以选项的当前特性添加新的键码或更新键码。

马达▓:为装配体或零件添加马达。

弹簧▓:在两个零部件之间添加一个弹簧。

接触▓:定义选定零部件之间的接触。

引力▓:给算例添加引力。

无过滤▽:显示所有项。

过滤动画▓:显示在动画过程中移动或更改的项目。

过滤驱动▓:显示引发运动或其他更改的项目。

过滤选定▓:显示选中项。

过滤结果▓:显示模拟结果项目。

(2)MotionManager 界面介绍

时间线:动画的时间界面,位于 MotionManager 设计树的右方。时间线显示运动算例中动画事件的时间和类型。时间线被竖直网格线均分,这些网格线对应于表示时间的数字标记。数字标记从 00:00:00 开始。时标依赖于窗口大小和缩放等级。

时间栏:时间线上的纯黑灰色竖直线,它代表当前时间。在时间栏上单击鼠标可打开快捷菜单,进行放置键码、粘贴键码、选择所有重组键码等操作。

更改栏:连接键码点的水平栏,表示键码点之间的更改。

键码点:代表动画位置更改的开始或结束或者某特定时间的其他特性。

关键帧:键码点之间可以为任何时间长度的区域,定义装配体零部件运动或视觉属性更改所发生的时间。

9.2.2 动画制作

9.2.2.1 动画向导

动画向导可以帮助新用户快速生成简单的动画。在装配体环境下,切换到运动仿真属性管理界面,单击属性工具栏上的【动画向导】命令按钮▓,弹出【选择动画类型】对话框,如图 9-2 所示。利用动画向导可以制作 7 种类型的动画,分别为旋转模型动画、爆炸动画、解除爆炸动画、从基本运动输入运动动画、从 Motion 分析输入运动动画、太阳辐射算例动画和配合控制器动画。

动画向导可以制作 7 种类型的动画,每种动画具有其相应的特点,能够实现的运动也各

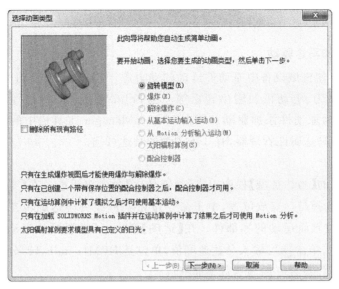

图 9-2 【选择动画类型】对话框

有差异。

旋转模型:将装配体作为一个整体来绕 X、Y 或 Z 轴旋转,可以指定模型旋转的圈数和旋转方向。此外,为了控制动画的速度,用户还可以设置动画的持续时间以及动画的开始时间等。

爆炸:如果用户想制作装配体的爆炸动画,必须先在装配体模型中生成爆炸视图,然后再利用动画向导制作装配体的爆炸过程。

解除爆炸:要制作解除爆炸动画,必须先在装配体模型中生成爆炸视图,然后再利用动画向导制作装配体的解除爆炸过程。

从基本运动输入运动:在使用基本运动算例计算运动后,用户可以将计算过的动画结果输入新的动画中。输入运动后,在用户每次运行动画模拟时,SolidWorks 不会重新计算运动该动画类型,可以有效地将几个运动算例中的动画拼接起来,形成一个复杂完整的动画。

从 Motion 分析输入运动:只有用户安装并加载了 SOLIDWORKS Motion 插件,而且使用 Motion 分析算例计算了运动结果后,该动画类型才可以被选择。输入 Motion 分析运动后的效果与从基本运动输入运动类似。

9.2.2.2 基于关键帧动画

沿时间线拖动时间栏到某一关键点,然后改变零部件的位置、属性以及零部件之间的距离等,添加键码。MotionManager 即可在指定的时间内将其改变。

该功能可以制作旋转动画、视图属性动画、距离或者角度配合动画等。

9.2.2.3 相机动画

通过生成假零部件作为相机橇,然后将相机附加到相机橇上的草图实体来生成基于相机的动画。有以下几种:

①沿模型或通过模型而移动相机。

②观看一解除爆炸或爆炸的装配体。

③导览虚拟建筑。

④隐藏假零部件以只在动画播放过程中观看相机视图。

9.2.3　仿真制作

9.2.3.1　添加马达驱动

马达驱动是驱使机械设备中原动件运动的动力源,例如汽车中发动机燃油点燃时释放给原动件活塞的动力、电动机的输出转矩等。用 SolidWorks 2017 进行 Motion 仿真分析时,创建马达即可为原动件添加驱动。单击 MotionManager 工具栏中的【马达】命令按钮,弹出图 9-3 所示的马达属性管理器,有 3 种类型的马达可选。

(1)旋转马达

在图 9-3 所示的【马达类型】栏中单击【旋转马达】命令按钮 ↻。在【零部件/方向】栏中,单击命令按钮 选择马达安放位置,单击命令按钮 可改变马达旋转方向,单击命令按钮 设置相对马达位置而运动的零部件。在【运动】栏中,可设置马达运动函数,如图 9-4 所示。对于等速马达,单击 可输入马达速度值,单位是 RPM(r/min,转/分钟)。单击【运动】栏下方的数据图可将设置好的马达数据曲线放大。

(2)线性马达(驱动器)

在图 9-3 所示的【马达类型】栏中单击【线性马达(驱动器)】命令按钮 →,【零部件/方向】栏及【运动】栏中马达的参数设置与旋转马达的设置类似,只是马达运动速度的单位是 mm/s。

(3)路径配合马达

装配体的配合中必须有路径配合,才能使用路径配合马达,否则不能用该类型马达。在图 9-3 所示的【马达类型】栏中单击【路径配合马达】命令按钮,前面两种马达中的【零部件/方向】栏会变为【配合/方向】栏,如图 9-5 所示,单击 按钮后选取一个路径配合,其他参数设置与线性马达(驱动器)设置类似。

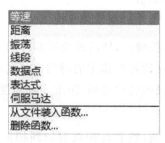

图 9-3　马达属性管理器　　图 9-4　马达运动函数列表　　图 9-5　路径配合马达属性管理器

9.2.3.2　添加力

力是物体间的相互作用,是使物体运动状态或者物体的形状发生改变的原因。在 SolidWorks 装配体中,力可以是零部件之间的相互作用,也可以是单独添加在某一零件上的外力。单击 MotionManager 工具栏中的【力】命令按钮,弹出图 9-6 所示的力/扭矩属性管理器。

（1）力

在图 9-6 所示的【类型】栏中单击【力】命令按钮 →。在【方向】栏中，可选择【只有作用力】或者【作用力与反作用力】，前者只需定义作用零件和作用应用点，后者还需定义力的反作用位置。单击 ↗ 按钮可改变力的方向。【相对于此的力】选择【装配体原点】，代表所添加力方向的参考系是装配体整体坐标系。选择【所选零部件】，代表所添加力方向的参考系是所选零部件。【力函数】栏中，可设置力的函数，如图 9-7 所示。对于常量力，单击图标 F1 右侧可输入力数值，单位是牛顿。【承载面】栏可设定受力的面。

（2）力矩

在图 9-6 所示的【类型】栏中单击【力矩】命令按钮 ↻，可为所选零部件添加旋转扭矩。属性管理器中的【方向】栏与【力函数】栏中，力矩的参数设置与力的参数设置类似，只是力矩的函数单位是 N·mm（牛顿·毫米）。

图 9-6 力/扭矩属性管理器

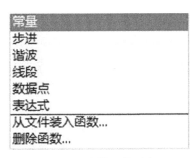

图 9-7 力的函数列表

9.2.3.3 弹簧

弹簧是一种利用材料的弹性特点来工作的机械零件，用以控制相关部件的运动、缓和冲击或振动、储蓄能量、测量力的大小等，被广泛用于机器、仪表中。在 SolidWorks 中，对装配体进行 Motion 运动分析时添加的弹簧只是一个虚拟构件，只在仿真时出现，用于模拟弹簧力。单击 MotionManager 工具栏中的【弹簧】命令按钮 ≣，弹出的属性管理器中有两种弹簧可选择。

（1）线性弹簧

在图 9-8 所示的【弹簧类型】栏中单击按钮 →。【弹簧参数】栏中，单击按钮 ⬜ 右侧为弹簧选择作用位置，需要选择两个零件；单击图标 ⟋ 右侧可设置弹簧力表达式指数，默认指数为 1（线性），单击图标 ⟋ 可设置弹簧的劲度系数，单击图标 ⟍ 可设置弹簧的原长，当选定弹簧位置时，软件会自动计算出其原长。选中【阻尼】复选框，可设置弹簧本身的阻尼效应，取消选中则无阻尼。【显示】栏中，单击图标 ⬚ 可设置弹簧的外径，单击图标 ≣ 可设置弹簧的圈数，单击图标 ⊘ 右侧可设置弹簧丝的直径。【承载面】栏可设定受力面。

（2）扭转弹簧

在【弹簧类型】栏中单击按钮 ⟳，如图 9-9 所示。【弹簧参数】栏中，单击按钮 🔲 设置扭转弹簧的第一终点（弹簧的第一个位置）和轴向（扭转轴），如果所选的两个特征都可以提供轴向，第一选择将作为终点，第二选择作为轴向。单击【基体零部件】按钮 🔲 设置扭转弹簧的第二终点（弹簧的第二个位置），如果不设置，软件自动将弹簧的第二个位置添加到地面上。单击按钮 ↗ 设置扭转弹簧的自由角度，即根据弹簧的函数表达式指定在不承载时扭转弹簧端点之间的角度，软件根据两个零件之间的角度，计算弹簧力矩，初始自由角度越大，力矩越大。

图 9-8　线性弹簧属性管理器

图 9-9　扭转弹簧属性管理器

9.2.3.4　阻尼

阻尼是指阻碍物体相对运动的一种作用，该作用把物体的动能转化为热能或其他可以耗散的能量。阻尼能有效地抑制共振、降低噪声、提高机械的动态性能等。在机械系统中，线性黏性阻尼模型是最常用的，其阻尼力 $F = cv$，方向与运动质点的速度方向相反，式中 c 为黏性阻尼系数，其数值须由振动试验确定，v 为运动质点的速度大小。

图 9-10　阻尼属性管理器

在 SolidWorks 中，对装配体进行 Motion 运动分析时添加的阻尼只是一个虚拟构件，只在仿真时出现，用于模拟对运动零部件的阻碍作用。单击 MotionManager 工具栏中的【阻尼】命令按钮 🖊，弹出图 9-10 所示的阻尼属性管理器，其中有两种类型的阻尼可选择。

（1）线性阻尼

线性阻尼是沿特定的方向，以一定的距离在两个零件之间作用的力。在图 9-10 所示的【阻尼类型】栏中单击按钮 ➡️。在【阻尼参数】栏中，单击按钮 🔲 选择阻尼作用位置，需要选择两个位置，一个作为起点，另一个作为终点；单击图标 cv 可设置阻尼力表达式指数，默认指数为 1（线性）；单击图标 C 右侧可设置阻尼系数。【承载面】栏可设定受力面。

（2）扭转阻尼

扭转阻尼是绕一特定轴在两个零部件之间应用的旋转阻碍作用。在阻尼属性管理器的【阻尼类型】栏中单击按钮↺。【阻尼参数】栏中，单击按钮🗔设置扭转阻尼的第一终点（阻尼的第一个位置）和轴向（扭转轴），如果所选的两个特征都可以提供轴向，第一选择将作为终点，第二选择作为轴向。单击【基体零部件】按钮🗔设置扭转阻尼的第二终点（阻尼的第二个位置），如果不设置，软件自动将阻尼的第二个位置添加到地面上，其他参数设置与线性阻尼参数设置类似。

9.2.3.5　3D 接触与碰撞

3D 接触与碰撞是指实体物件在三维空间中的相互作用，该作用可防止物体在运动过程中彼此穿刺。在 SolidWorks 中，对装配体进行 Motion 运动分析时，如果零部件之间不定义接触，零部件将彼此嵌入，要在运动算例中添加接触，单击 MotionManager 工具栏中的【接触】命令按钮🗕，弹出图 9-11 所示接触属性管理器。

（1）实体接触

实体接触是物体在三维空间中的接触。在图 9-11 的【接触类型】栏中单击按钮🗕，在【选择】栏中选择相接触的两个实体零件，如果是多个零部件与相同零件之间的接触，选中【使用接触组】复选框。若选中【材料】栏的复选框，则相接触的零部件或者接触组的材料只能在材料下拉菜单中选择，下面的摩擦参数会自动设置好。若取消选中【材料】栏，则摩擦参数可手动输入，其中 v_k 为动摩擦速度，接触物体的相对速度超过该速度后，滑动摩擦力相对之前会变小。μ_k 为动摩擦系数，v_s 为静摩擦速度，指使固定零部件开始移动时，克服静摩擦力的速度；μ_s 为静摩擦系数。在取消选中【材料】栏后，可设置材料的冲击参数及恢复系数。需要说明的是，如果零部件在建模时已经定义了材料，在添加接触时仍然需要定义材料属性，否则接触无效。

图 9-11　实体接触属性管理器

（2）曲线接触

曲线接触是物体在二维空间中的接触。在接触属性管理器的【接触类型】栏中单击按钮🗕，如图 9-12 所示。在【选择】栏中选择两零件的接触曲线或者边线；单击按钮🗕可改变接触力的法线方向；单击按钮 SelectionManager ，弹出图 9-13 所示的曲线选择辅助工具；如果接触需要沿着曲线连续，则选中【曲线始终接触】复选框，取消选中则间歇接触。其他参数设置与实体接触参数设置类似。

9.2.3.6　结果与图解

在 SolidWorks 中，可以创建多种结果曲线，以帮助设计分析者查看相关数据，但必须是在仿真计算完成后，才能添加结果和图解。

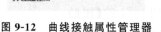

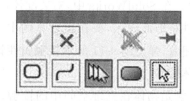

图 9-12 曲线接触属性管理器　　　**图 9-13 曲线选择辅助工具**

单击 MotionManager 工具栏中的【结果和图解】命令按钮，弹出图 9-14 所示的结果属性管理器，首先在【〈选取类别〉】框中定义所测结果类别，可定义的类别如图 9-15 所示；选取类别后【子类别】选择框会被激活，选取相应的子类别后，结果【分量】选择框会被激活；单击选取被测特征；单击，可定义所测结果坐标的参考系，若不定义参考系，系统会默认装配体整体坐标为所测结果的参考系。

图 9-14 结果属性管理器　　　**图 9-15 结果可选类别**

要创建新的结果图解，在【图解结果】栏中，选择【生成新图解】，在【图解结果相对于】中定义所测结果的自变量，可以是时间、帧及新结果；若要在已有结果图解中添加数据曲线，则选择【添加到现有图解】，再选择已有的需添加曲线的图解即可。

9.3 实战演练

9.3.1 案例呈现

图 9-16 所示为一装配好的夹紧装置,这时该装置的自由度为零,右击将机架与钩头之间的重合配合和钩头与工件之间的重合配合进行压缩。

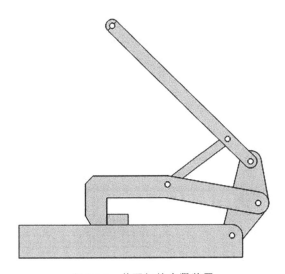

图 9-16 装配好的夹紧装置

9.3.2 设计思路

夹紧装置主要由手柄、支架、枢板、钩头、机架等组成。利用弹簧的弹力模拟夹紧机构的夹持力。给手柄添加向下的足够大的力,该力就会克服弹簧的弹力而将手柄压缩下来,此时弹簧的弹力大小就为夹紧机构的夹持力大小。

9.3.3 实战步骤

在装配体环境下,将 SOLIDWORKS Motion 插件载入,单击【布局】选项卡中的【运动算例 1】,在 MotionManager 工具栏中的【算例类型】下拉列表中选择【Motion 分析】。

(1)添加压力

单击 MotionManager 工具栏中的【力】命令按钮,弹出力/扭矩属性管理器,【类型】选择【力】,【方向】选择【只有作用力】,【作用零件和作用应用点】选择图 9-17 所示手柄端部倒圆处的边线,【力的方向】选择图 9-18 所示手柄中的分割线,改变力的方向使其相对于机架向下。将【相对于此的力】下的【所选零部件】激活,然后选择手柄,如图 9-19 所示。【力函数】选择【常量】,大小输入【100 牛顿】。单击【确定】按钮,完成始终垂直于手柄的力的添加,如图 9-20 所示。

图 9-17 手柄端部倒圆处的边线   图 9-18 手柄中的分割线

图 9-19 力/扭矩属性管理器

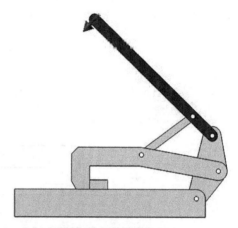

图 9-20 添加的作用力

（2）添加实体接触

单击 MotionManager 工具栏中的【接触】命令按钮 ，在弹出的属性管理器中【接触类型】栏内选择【实体】接触，如图 9-21 所示，在【选择】栏内，选中【使用接触组】复选框，零部件组 1 中用鼠标在视图区选取钩头，零部件组 2 中用鼠标在视图区选取机架和工件，在【材料】栏内两材料名称下拉列表中均选择【Steel（Dry）】（钢材无润滑），其余参数采用默认设置，单击【确定】按钮，完成实体接触的添加，如图 9-22 所示。

图 9-21 接触属性管理器

图 9-22 添加实体接触

（3）添加弹簧

单击 MotionManager 工具栏中的【弹簧】命令按钮▤,在弹出的属性管理器中【弹簧类型】栏内选择【线性弹簧】,如图 9-23 所示,在【弹簧参数】栏内,弹簧端点选择视图区中工件边线与机架倒圆处边线,这时系统会自动计算出弹簧自由（原始）长度,在弹簧常数（刚度）中输入【100.00 牛顿/mm】,其余参数采用默认设置,单击【确定】按钮,完成线性弹簧的添加,如图 9-24 所示。

（4）仿真分析

在仿真前确保机架与钩头、钩头与工件的重合配合处于压缩状态。然后拖动键码,将仿真时间设置为 0.026 秒,将播放速度设置为 5 秒。单击 MotionManager 工具栏中的【运动算例属性】命令按钮⚙,在弹出的属性管理器中的 Motion 分析中,将每秒帧数设置为 5000。单击【计算】命令按钮▥,进行仿真求解。待仿真自动计算完毕后,单击工具栏上的【结果和图解】命令按钮▨,在弹出的属性管理器中进行图 9-25 所示的参数设置,单击【确定】按钮,生成弹簧反作用力幅值曲线图解,如图 9-26 所示。

图 9-23　弹簧属性管理器

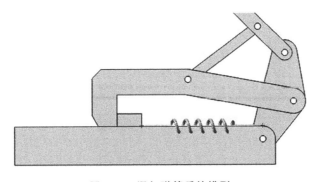

图 9-24　添加弹簧后的模型

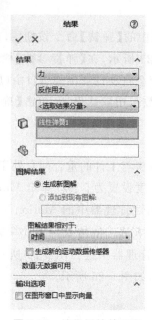

图 9-25　结果属性管理器

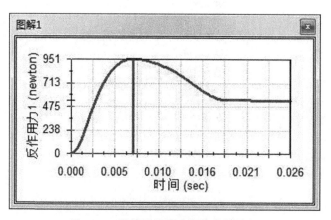

图 9-26　弹簧反作用力幅值曲线图解

　　根据所需要的夹紧力不同,改变参数可以得到不同的仿真结果,从而可以判断夹紧机构的尺寸设计是否合理。

第⑩章　工　程　图

10.1　学习目标与重难点

　　工程图是 SolidWorks 软件的三大基本功能之一,是用来表达三维模型的二维图样,通常包含一组视图、完整尺寸、技术要求、标题栏等内容。在一个 SolidWorks 工程图文件中,可以包含多张图纸,可以利用同一个文件生成 1 个零件的多张图纸或者多个零件的工程图。本章主要介绍创建工程图、建立标准三视图、派生工程图、工程图编辑和工程图标注。

10.2　知识点解密

10.2.1　创建工程图

　　工程图包含一个或多个由零件或装配体生成的视图,用户可以根据需要生成各种零件模型的表达视图,包括投影视图、辅助视图、剖面视图、局部视图、断裂视图和剪裁视图等。在生成工程图之前,必须先保存与它相关的零件或装配体的三维模型。

　　单击标准工具栏上的【新建】按钮📄,或者选择菜单栏中的【文件】|【新建】命令,也可以使用快捷键 Ctrl+N,系统弹出【新建 SOLIDWORKS 文件】对话框,在该对话框中单击【工程图】按钮,再单击【确定】按钮,弹出工程图窗口,如图 10-1 所示。

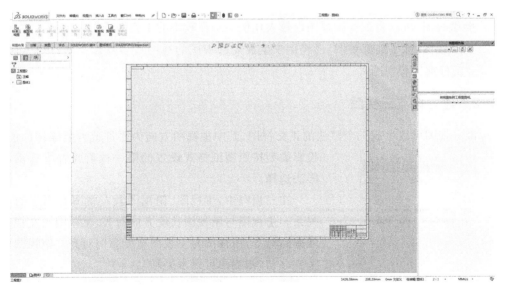

图 10-1　工程图窗口

　　在工程图文件中,选择菜单栏中的【插入】|【工程图视图】命令,弹出工程图视图菜单,如图 10-2 所示。

139

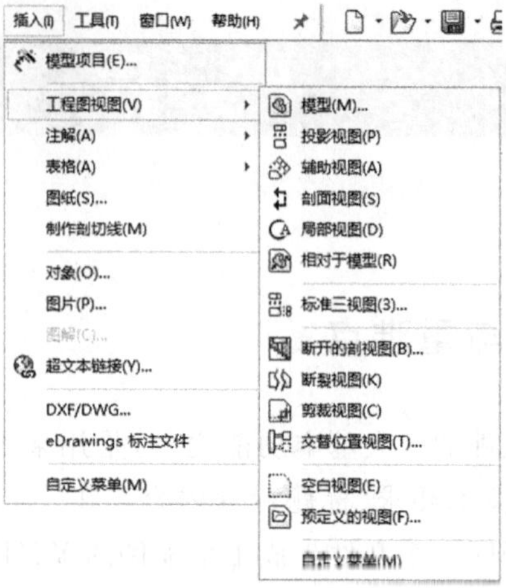

图 10-2　工程图视图菜单

工程图视图菜单中部分类型视图的含义如下：

投影视图：从任何正交视图插入投影的视图。

辅助视图：垂直于现有的视图参考边线的展开视图，类似于投影视图。

剖面视图：可以用一条剖切线分割的视图。

局部视图：通常以放大比例显示一个视图的某个部分。

相对于模型：正交视图，由模型中两个直交面或者基准面及各自的具体方位的规格定义。

标准三视图：前视视图为模型视图，其他两个视图为投影视图，使用在图纸属性中指定的第一视角或者第三视角投影法。

断开的剖视图：现有工程图的一部分，不是单独的视图，可以用闭合的轮廓定义断开的剖视图。

断裂视图：可以将工程图视图以较大比例显示在较小的工程图纸上。

剪裁视图：除了局部视图、已经用于生成局部视图的视图或者爆炸视图，用户可以根据需要剪裁任何工程视图。

10.2.2　建立标准三视图

标准三视图可以生成三个默认的正交视图，其中主视图方向为零件或者装配体的前视，投影类型按照图纸格式设置的第一视角或者第三视角投影法选择。

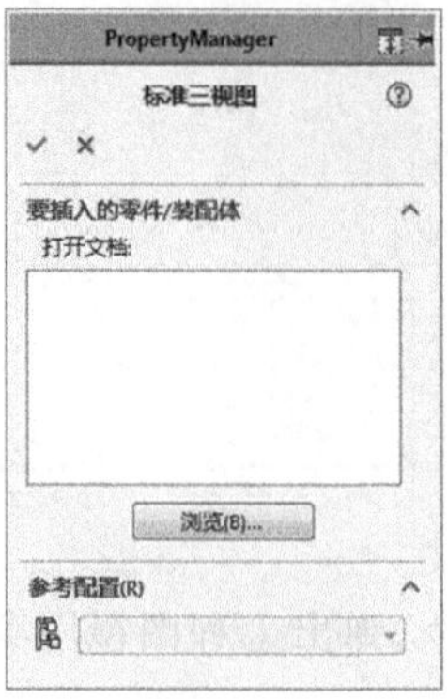

图 10-3　标准三视图属性管理器

在三视图中，主视图、俯视图及左视图有固定的对齐关系。主视图与俯视图长度方向对齐，主视图与左视图高度方向对齐，俯视图与左视图宽度方向对齐。俯视图可以竖直移动，侧视图可以水平移动。

单击视图布局工具栏中的【标准三视图】命令按钮或者选择菜单栏中的【插入】|【工程图视图】|【标准三视图】命令，系统弹出标准三视图属性管理器，如图 10-3 所示。

单击【浏览】按钮打开一个零件文件,在图纸的适当位置会出现所选零件的标准三视图。

10.2.3 派生工程图

派生工程图是指从标准三视图、模型视图或其他派生视图中派生来的视图,包括投影视图、辅助视图、剖面视图、局部视图和断裂视图等。

10.2.3.1 投影视图

投影视图是根据已经有的视图利用正交投影生成的视图。投影视图的投影方法是根据在【图纸属性】对话框中所设置的第一视角或者第三视角投影类型来决定的。

单击视图布局工具栏中的【投影视图】命令按钮🏛,或者选择菜单栏中的【插入】|【工程图视图】|【投影视图】命令,系统弹出投影视图属性管理器,如图 10-4 所示。

在图纸中单击要投影的视图,投影视图属性管理器如图 10-5 所示。系统将根据光标指针在所选视图的位置决定投影方向,可以从所选视图的上、下、左、右 4 个方向生成投影视图。系统会在投影方向出现一个方框,表示投影视图的大小,拖动这个方框到合适的位置,单击一下则投影视图就会被放置在工程图中,即生成投影视图。

图 10-4　投影视图属性管理器　　　　图 10-5　投影视图属性管理器(选择要投影的视图后)

投影视图属性管理器中各选项的含义如下:

(1)【箭头】选项组

标号:表示按相应父视图的投影方向得到的投影视图的名称。

(2)【显示样式】选项组

使用父关系样式:取消此选项,可以选择与父视图不同的显示样式,显示样式包括【线架图】【隐藏线可见】【消除隐藏线】【带边线上色】和【上色】。

10.2.3.2 辅助视图

辅助视图类似于投影视图,它的投影方向垂直于所选视图的参考边线,但参考边线一般不能为水平或者竖直,否则生成的就是投影视图。辅助视图相当于技术制图表达方式中的斜视图,可以用来表达零件的倾斜结构。

单击视图布局工具栏中的【辅助视图】命令按钮，或者选择菜单栏中的【插入】|【工程图视图】|【辅助视图】命令,系统弹出辅助视图属性管理器,如图 10-6 所示。

在图纸中单击要生成辅助视图的工程视图上的投影参考线,辅助视图属性管理器如图 10-7 所示。

图 10-6　辅助视图属性管理器　　**图 10-7　辅助视图属性管理器(单击投影参考线后)**

辅助视图属性管理器中各选项的含义如下:

(1)【箭头】选项组

标号:表示按相应父视图的投影方向得到的投影视图的名称。

(2)【显示样式】选项组

使用父关系样式:取消此选项,可以选择与父视图不同的显示样式,显示样式包括【线架图】【隐藏线可见】【消除隐藏线】【带边线上色】和【上色】。

10.2.3.3　剖面视图

剖面视图是通过一条剖切线切割父视图而生成,可以显示模型内部的形状和尺寸。剖面视图可以是剖切面或者用阶梯剖切线定义的等距剖面视图,并可以生成半剖视图。

单击视图布局工具栏中的【剖面视图】命令按钮，或者选择菜单栏中的【插入】|【工程图视图】|【剖面视图】命令,系统弹出剖面视图辅助属性管理器,如图 10-8 所示。

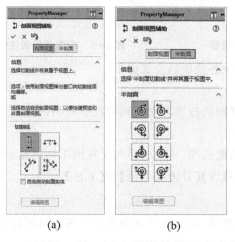

(a)　　　　(b)

图 10-8　剖面视图辅助属性管理器

图 10-8(a)为选择【剖面视图】选项卡的属性管理器,在【切割线】选项组中选择剖切线的方向;图 10-8(b)为选择【半剖面】选项卡的属性管理器,在【半剖面】选项组中选择剖面的方向。

在图纸区移动剖切线可以预览效果,在某一位置单击,弹出剖切线编辑工具栏,如图 10-9 所示,单击工具栏中的【确定】按钮,生成此位置的剖面视图,同时弹出剖面视图 A—A(根据生成的剖面视图,按字母顺序排序)属性管理器,如图 10-10 所示。

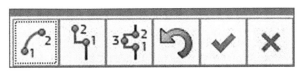

图 10-9　剖切线编辑工具栏

图 10-10　剖面视图 A—A 属性管理器

剖面视图 A-A 属性管理器中各选项的含义如下:

(1)【切除线】选项组

反转方向:反转剖切的方向。

标号:编辑与剖切线或者剖面视图相关的字母。

字体:若剖切线标号选择文件字体以外的字体,取消选择【文档字体】选项,然后单击【字体】按钮,可以为剖切线或者剖面视图的注释文字选择字体。

(2)【剖面视图】选项组

部分剖面:当剖切线没有完全切透视图中模型的边框线时,需要选中此项,以生成部分的剖视图。

横截剖面:只有被剖切线切除的曲面出现在剖面视图中。

自动加剖面线:选择此项,系统可以自动添加必要的剖面线。

10.2.3.4　局部视图

可以在工程图中生成一个局部视图,来放大显示视图中的某个部分。局部视图可以是正交视图、三维视图或剖面视图。

单击视图布局工具栏中的【局部视图】命令按钮 ,或者选择菜单栏中的【插入】|【工程

图视图】|【局部视图】命令,系统弹出局部视图Ⅰ(根据生成的局部视图,按罗马字母顺序排序)属性管理器,如图 10-11 所示。

图 10-11　局部视图Ⅰ属性管理器

局部视图Ⅰ属性管理器中各选项的含义如下:

(1)【局部视图图标】选项组

样式:可以选择一种样式,也可以单击【轮廓】或者【圆】单选按钮。

标号:编辑与局部视图相关的字母。

字体:如果想要为局部视图标号选择文件字体以外的字体,取消选择【文件字体】选项,然后单击【字体】按钮。

(2)【局部视图】选项组

完整外形:使局部视图轮廓外形全部显示。

钉住位置:选择此复选框,可以阻止父视图比例更改时局部视图发生移动。

缩放剖面线图样比例:可以根据局部视图的比例缩放剖面线图样比例。

10.2.3.5　断裂视图

对于一些较长的零件,如果沿着长度方向的形状统一或者沿着一定的规律变化时,可以用折断显示的断裂视图来表达,这样就可以将零件以较大比例显示在较小的工程图纸上。断裂视图可以应用于多个视图,并可根据要求撤销断裂视图。

图 10-12　断裂视图属性管理器

单击视图布局工具栏中的【断裂视图】命令按钮,或者选择菜单栏中的【插入】|【工程图视图】|【断裂视图】命令,系统弹出断裂视图属性管理器,如图 10-12 所示。

断裂视图属性管理器中各选项的含义如下:

添加竖直折断线:生成断裂视图时,将视图沿水平方向断开。

添加水平折断线:生成断裂视图时,将视图沿竖直方向断开。

缝隙大小:改变折断线缝隙之间的间距量。

折断线样式:定义折断线的样式,包括直线切断、曲线切断、锯齿线切断、小锯齿线切断和锯齿状切断。

144

10.2.3.6 剪裁视图

剪裁视图是由除了局部视图、已用于生成局部视图的视图或者爆炸视图之外的任何工程视图经裁剪而生成的。剪裁视图类似于局部剖视图,但是由于剪裁视图没有生成新的视图,也没有放大原来的视图,因此可以减少视图生成的操作步骤。

剪裁视图的生成过程如下:

①单击需要剪裁的工程视图,使用草图工具绘制一条封闭的轮廓。

②选择封闭的轮廓,单击视图布局工具栏中的【剪裁视图】命令按钮 ,或者选择菜单栏中的【插入】|【工程图视图】|【剪裁视图】命令,此时剪裁轮廓以外的视图消失,生成裁剪视图。

10.2.4 工程图编辑

一张完整的工程图样,除了包含一组表达零件内、外结构的视图外,还必须包含制造零件的尺寸和零件的技术要求。在 SolidWorks 中,可以添加多种注解,用于工程图的编辑,主要包括注释、表面粗糙度符号、焊接符号、形位公差、基准特征符号、基准目标、孔标注、中心符号线、装饰螺纹线、块等。在注解工具栏中包含了所有可以添加的注解类型,如图 10-13 所示。

图 10-13 注解工具栏

10.2.4.1 注释

利用注释工具可以在工程图中编辑文字信息和一些特殊要求的标注形式。注释文字可以独立浮动,也可以指向某个对象,如面、边线或顶点等。注释中可以包含文字、符号、参数文字或者超链接文本。如果注释中包含引线,则引线可以是直线、折弯线或者多转折线。

单击注解工具栏中的【注释】命令按钮 A ,或者选择菜单栏中的【插入】|【注解】|【注释】命令,系统弹出注释属性管理器,如图 10-14 所示。

图 10-14 注释属性管理器

注释属性管理器中各选项的含义如下：

(1)【文字格式】选项组

文字对齐方式：包括【左对齐】【居中】【右对齐】和【套合文字】。

角度：设置注释文字的旋转角度（正角度值表示逆时针方向旋转）。

插入超文本链接：单击该按钮，可以在注释中包含超文本链接。

链接到属性：单击该按钮，可以将注释链接到文件属性。

添加符号：将光标放置在需要显示符号的【注释】选择框中，单击【添加符号】按钮，弹出符号属性管理器，选择一种符号，单击【确定】按钮，符号显示在注释中。

锁定/解除锁定注释：将注释固定到位。当编辑注释时，可以调整其边界框，但不能移动注释本身，只可用于工程图。

插入形位公差：可以在注释中插入形位公差符号。

插入表面粗糙度符号：可以在注释中插入表面粗糙度符号。

插入基准特征：可以在注释中插入基准符号。

使用文档字体：选择该选项，使用文件设置的字体。

(2)【引线】选项组

引线的种类：如图 10-15 所示，为包含的全部引线种类。

箭头的种类：如图 10-16 所示，为包含的全部箭头种类。

至边界框：选择此项，引线的长度将延伸到文本框边界。

应用到所有：将更改应用到所选注释的所有箭头。

图 10-15 引线种类

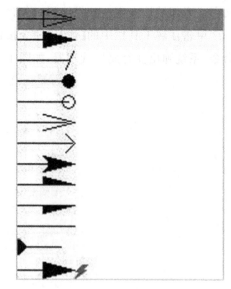

图 10-16 箭头种类

(3)【边界】选项组

样式：指定边界的形状或者无，如图 10-17 所示。

大小：指定文字是否为【紧密配合】或者固定的字符数，如图 10-18 所示。

图 10-17 【样式】选项

图 10-18 【大小】选项

10.2.4.2 表面粗糙度符号

在零件、装配体或者工程图文件中,都可以使用表面粗糙度符号标注零件的表面粗糙度。表面粗糙度符号是用来表示零件表面粗糙度的参数代号及数值,单位为微米。

单击注解工具栏中的【表面粗糙度符号】命令按钮√,或者选择菜单栏中的【插入】|【注解】|【表面粗糙度符号】命令,系统弹出表面粗糙度属性管理器,如图 10-19 所示。

表面粗糙度属性管理器中各选项含义如下:

(1)【符号】选项组

根据要求,可以选择一种表面粗糙度符号,单击【需要 JIS 切削加工】按钮√或者【JIS 基本】按钮▽,则会出现曲面文理可供选择,如图 10-20 所示。

图 10-19 表面粗糙度属性管理器

图 10-20 曲面纹理

(2)【角度】选项组

角度:为符号设置旋转角度。

其他选项的含义在这里不再介绍。

10.2.4.3 形位公差

形位公差是机械加工工业中一项非常重要的指标,尤其在精密机器和仪表的加工中,形位公差是评定产品质量的重要指标。形位公差符号可以在工程图、零件、装配体或者草图中的任何地方进行标注,可以显示引线或者不显示引线,并可以附加符号于尺寸线上的任何地方。

单击注解工具栏中的【形位公差】命令按钮 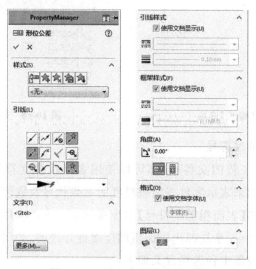,或者选择菜单栏中的【插入】|【注解】|【形位公差】命令,系统弹出形位公差属性管理器,如图 10-21 所示,同时在图纸区域弹出形位公差的【属性】对话框,如图 10-22 所示。

图 10-21　形位公差属性管理器

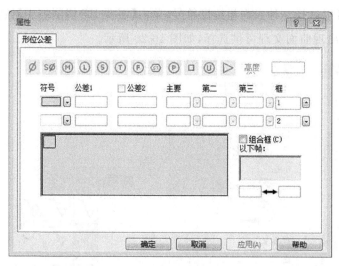

图 10-22　【属性】对话框

【属性】对话框中各选项含义如下:

材料条件:可以选择需要插入的材料条件。

符号:选择要插入的符号。

高度:输入投影公差数值。

公差 1、公差 2:输入公差数值。

主要、第二、第三:输入基准名称与材料条件符号。

框:在形位公差符号中生成额外框格。

组合框:组合两个或者多个框格的符号。

介于两点之间：如果公差数值适用于两个点或者实体之间的测量，在框中键入点的符号。

10.2.4.4 中心符号线

在工程视图中的圆或者圆弧上可以添加中心符号线，在使用之前需要对其格式进行设置。选择菜单栏中的【工具】|【选项】命令，系统弹出【系统选项(S)-普通】对话框，选择【文档属性】选项卡，选择【绘图标准】选项，即可对中心符号线进行相关设置，如图 10-23 所示。

单击注解工具栏中的【中心符号线】命令按钮⊕，或者选择菜单栏中的【插入】|【注解】|【中心符号线】命令，系统弹出中心符号线属性管理器，如图 10-24 所示。

图 10-23 【文档属性】|【中心线/
中心符号线】选项

图 10-24 中心符号线属性管理器

中心符号线属性管理器中各选项含义如下：

(1)【手工插入选项】选项组

单一中心符号线：将中心符号线插入单一圆或者圆弧中。

线性中心符号线：将中心符号线插入圆或者圆弧的线性阵列中。

圆形中心符号线：将中心符号线插入圆或者圆弧的圆周阵列中。

(2)【显示属性】选项组

使用文档默认值：取消选择此选项，可以更改在文件中所设置的显示属性。

延伸直线：显示延伸的轴线，在中心符号线和延伸直线之间有一个缝隙。

中心线型：以中心线型显示中心符号线。

10.2.4.5 装饰螺纹线

装饰螺纹线是图纸中螺纹的规定绘制法，与其他注解有所不同，属于附加项目的专有特征。在零件或者装配体中添加的装饰螺纹线可以输入工程图中。如果在工程图中添加了装饰螺纹线，零件或者装配体中会自动更新以包含装饰螺纹线特征。

单击注解工具栏中的【装饰螺纹线】命令按钮，或者选择菜单栏中的【插入】|【注解】|【装饰螺纹线】命令，系统弹出装饰螺纹线属性管理器，如图 10-25 所示。

图 10-25 装饰螺纹线属性管理器

装饰螺纹线属性管理器中各选项含义如下：

圆形边线：在图形区域中选择圆形边线。

终止条件：从所选的圆形边线延伸装饰螺纹线的终止条件。

给定深度：按照指定深度生成装饰螺纹线。

成形到下一面：指定装饰螺纹线所延伸至的实体面。

通孔：完全贯穿所选几何体。

深度：设置装饰螺纹线的深度。

次要直径：为与带装饰螺纹线的实体类型对等的尺寸设置直径数值。

10.2.4.6 焊接符号

在零件、装配体和工程图文件中可以独立构造焊接符号。在添加或者编辑焊接符号时，可以将次要焊接信息添加到某些类型的焊接符号中。

单击注解工具栏中的【焊接符号】命令按钮 ⟋，或者选择菜单栏中的【插入】|【注解】|【焊接符号】命令，系统弹出焊接符号属性管理器，如图 10-26 所示，在该属性管理器中可以对引线样式进行设置。同时还弹出【属性】对话框，如图 10-27 所示。

图 10-26 焊接符号属性管理器　　　　图 10-27 【属性】对话框

【属性】对话框中各选项的含义如下：

现场：添加 ▶ 图标或者 ◣ 图标，来表示焊接在现场应用。

全周：添加 ⟋ 图标，来表示焊接应用到轮廓周围。

焊接符号：单击此按钮，弹出焊接符号选项，如图 10-28 所示，该选项中包含了常用的

ISO 焊接符号,选择【更多符号】选项,打开【符号图库】对话框,可选择其他类型的焊接符号。

开槽角度:设置角度数值(只应用于 JIS)。

根部间隔:设置尺寸数值(只应用于 JIS)。

第二圆角:只应用于某些焊接符号(比如方形或者斜面),可以在【第二圆角】复选框左侧和右侧的区域中输入尺寸。

对称:选择此选项,符号一侧的属性也在另一侧出现。

交错断续:选择此选项,线上或线下的圆角焊接符号交错断续。

图 10-28 焊接符号选项

参考:围绕符号文字生成参考框。

引线连接于符号:将引线定位于焊接符号的指定位置。

使用多转折引线:允许在图纸区域中单击数次,为引线生成折弯。

图层:在包括命名图层的工程图中,从列表中选择图层。

10.2.5 工程图标注

标注尺寸可以将 3D 模型特征的位置尺寸及大小尺寸数值化,让阅读图纸的工程师能够清楚零件的具体尺寸。工程图中标注尺寸会与零件特征相关联,在修改零件时,工程图中的尺寸会自动进行更新。

10.2.5.1 设置尺寸样式

在实际工作中,应根据要求对工程图的相关设置进行调整,单击菜单栏中的【工具】|【选项】命令,系统弹出【系统选项(S)-普通】对话框,选择【文档属性】选项卡,单击【尺寸】选项,如图 10-29 所示。

10.2.5.2 尺寸标注方式

系统提供了两种尺寸标注的方式:【DimXpert】方式和【自动标注尺寸】方式。

单击注解工具栏中的【智能尺寸】命令按钮 ,系统弹出尺寸属性管理器。单击【DimXpert】选项卡,切换至【DimXpert】方式,如图 10-30 所示。

图 10-29 设置【尺寸】选项

图 10-30 尺寸属性管理器

【尺寸辅助工具】选项组中的【智能尺寸标注】方法和草图中的标注方法相同,这里将不再赘述。单击【DimXpert】按钮,将属性管理器切换至 DimXpert 尺寸标注,如图 10-31 所示。

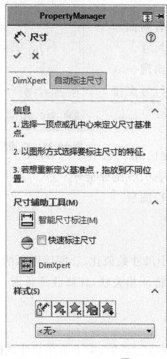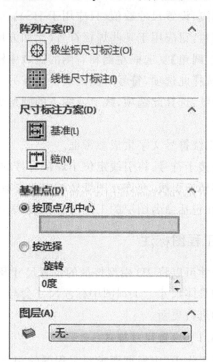

图 10-31 【DimXpert】尺寸标注

DimXpert 尺寸标注中各选项的含义如下:

(1)【阵列方案】选项组

⊕ 极坐标尺寸标注:以所选极坐标的方式标注尺寸。

线性尺寸标注:以线性的方式标注尺寸。

(2)【尺寸标注方案】选项组

基准:从选择的基准开始标注尺寸。

链:标注后的尺寸首尾依次相连。

(3)【基准点】选项组

按顶点/孔中心:参照选择的顶点或孔的中心定义基准点。

按选择:在工程图中选择边线定义 X 轴与 Y 轴。

旋转:通过输入数值,定义基准点旋转的角度。

利用自动标注尺寸工具,可以将参考尺寸作为基准尺寸、链和尺寸链插入工程视图中,系统根据所设置的一些参数自动生成尺寸。

 10.3 **实战演练**

10.3.1 案例呈现

根据图 10-32 所示的泵体零件三维模型,绘制图 10-33 所示的零件图。

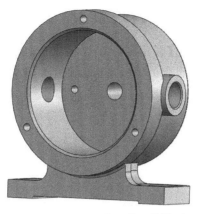

图 10-32　泵体零件三维模型

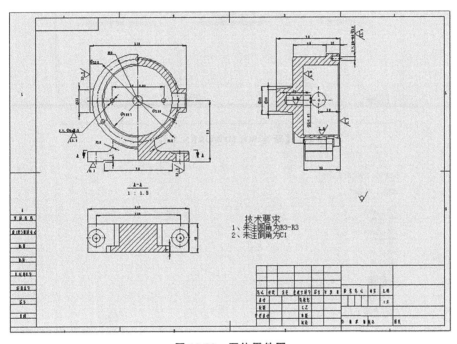

图 10-33　泵体零件图

10.3.2　设计思路

本章节主要介绍了工程图,在本例中我们主要讲解泵体的工程图绘制。

工程图主要包括三视图、局部剖视图和全剖视图。工程图绘制的目标在于用若干二维图形将零件的外形、尺寸和内部结构清楚地表达出来。对于本例所述的泵体,首先要了解泵体的外形、尺寸和内部结构,然后考虑需要用哪些视图来表达,最后开始绘制工程图。

10.3.3　实战步骤

1.建立工程图前准备工作

(1)打开零件

启动中文版 SolidWorks 软件,选择【文件】|【打开】命令,在弹出的【打开】对话框中选择

泵体零件。

（2）新建工程图纸

单击【文件】|【新建】命令，弹出【新建 SOLIDWORKS 文件】对话框，如图 10-34 所示，单击【高级】按钮，可选 SolidWorks 自带的图纸模板，如图 10-35 所示，选取国标 A3 图纸格式。

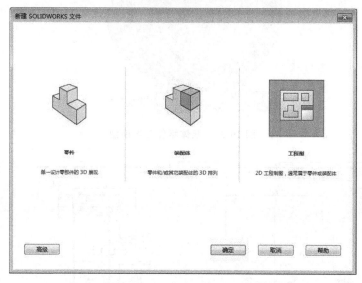

图 10-34 【新建 SOLIDWORKS 文件】对话框

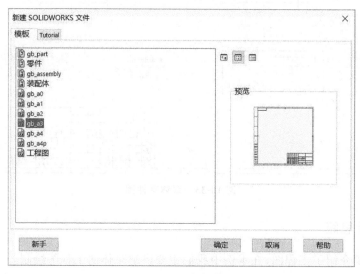

图 10-35 模板选取

（3）设置绘图标准

①单击【工具】|【选项】命令，弹出【系统选项(S)-普通】对话框，单击【文档属性】选项卡，如图 10-36 所示。

②将总绘图标准设置为 GB(国标)，单击【确定】按钮，结束操作。

2. 插入视图

①单击【插入】|【工程图视图】|【标准三视图】命令，弹出标准三视图属性管理器，如图 10-37 所示。

图 10-36　单击【文档属性】选项卡

②在【打开文档】一栏中选择【泵体】,单击【确定】按钮继续。

③插入标准三视图后,如图 10-38 所示。

图 10-37　标准三视图
属性管理器

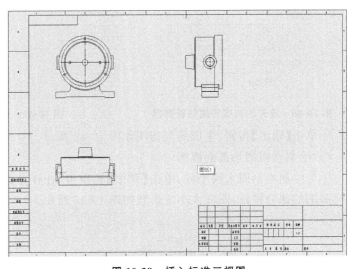

图 10-38　插入标准三视图

3.绘制剖面图

(1)绘制主视图剖视图

①单击【草图】选项卡,单击草图工具栏中的【边角矩形】命令按钮,然后用矩形框住主视图的右半部,矩形的大小随意,如图 10-39 所示。

②按住 Ctrl 键,选择刚刚绘制的矩形的 4 条边,然后单击【视图布局】选项卡,单击视图布局工具栏中的【断开的剖视图】命令按钮🔲,弹出断开的剖视图属性管理器,如图 10-40 所示。

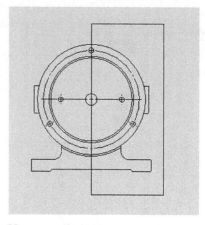

图 10-39　绘制矩形

③从主视图中选择一条隐藏线并设置剖面线深度,如图 10-41 所示。

图 10-40　断开的剖视图属性管理器　　　图 10-41　设置剖面线深度

④单击【确定】按钮,生成的剖切图如图 10-42 所示。

(2)绘制左视图局部剖视图

①与绘制半剖图大同小异,单击【草图】选项卡,在样条曲线工具的帮助下,将右视图进行局部剖的部分框住,图框大小及形状如图 10-43 所示。

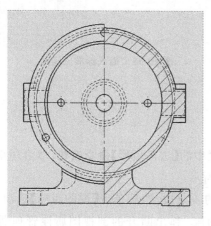

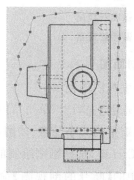

图 10-42　生成剖切图　　　　　图 10-43　绘制局部剖切区域

②按住 Ctrl 键,选择刚绘制的曲线,然后单击【视图布局】选项卡,单击视图布局工具栏中的【断开的剖视图】命令按钮![icon],弹出断开的剖视图属性管理器。

③从左视图中选择一条隐藏线,确定剖切深度,如图 10-44 所示。

④单击【确定】按钮,生成图 10-45 所示的剖切图。

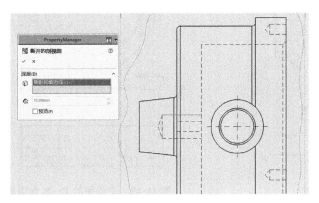

图 10-44　设置剖切深度

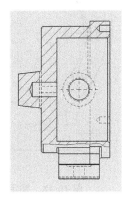

图 10-45　生成剖切图

(3)消除隐藏线

①单击主视图,弹出工程图视图属性管理器,如图 10-46 所示。

②在【显示样式】选项组中单击【隐藏线可见】,单击【确定】按钮。最后的视图如图 10-47 所示。

图 10-46　工程图视图
　　　　　属性管理器

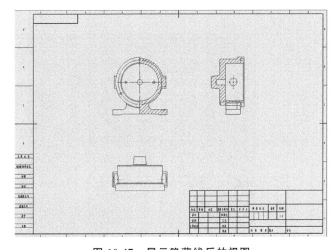

图 10-47　显示隐藏线后的视图

4.绘制剖切视图

(1)绘制主视图的 B—B 剖切面

①单击【草图】选项卡,在直线工具的帮助下绘制直线,确定剖切面的位置,视图效果如图 10-48 所示。

②按住 Ctrl 键,选择刚刚绘制的直线,然后单击【视图布局】选项卡,单击视图布局工具栏中的【剖面视图】命令按钮![icon],系统弹出剖面视图辅助属性管理器,保持默认设置,单击【确定】按钮完成 B—B 剖切面的绘制,最终视图效果如图 10-49 所示。

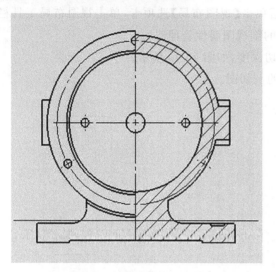

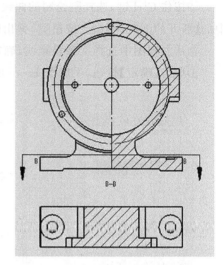

图 10-48　确定剖切面位置　　　　　　　　图 10-49　主视图的 B—B 剖切面

由于 B—B 剖切面已经完全满足俯视图的要求,配合主视图和左视图一同可以完整地表达零件结构,所以删除原有俯视图,调整 B—B 剖切面位置。

（2）调整工程图视图布局

①删除俯视图。

②单击 B—B 剖切面并进行移动,安排在合理位置,调整后的工程图效果如图 10-50所示。

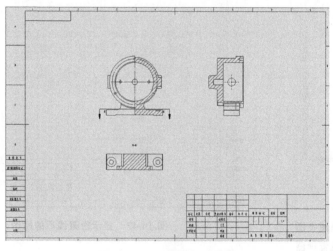

图 10-50　工程图视图效果

5. 标注零件图尺寸

（1）标注中心线

①单击【注解】选项卡,单击注解工具栏中的【中心线】命令按钮,弹出中心线属性管理器,如图 10-51 所示。

②单击两条竖直的轮廓线。

③标注后的中心线如图 10-52 所示。

④依次类推,将整个工程图的孔/轴类部件全部标上中心线。

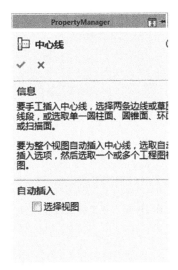

图 10-51 中心线属性管理器

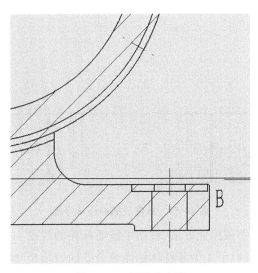

图 10-52 标注中心线

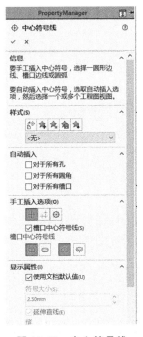

(2)标注中心符号线

①单击【注解】选项卡,单击注解工具栏中的【中心符号线】命令按钮⊕,弹出中心符号线属性管理器,如图 10-53 所示,单击【手工插入选项】一栏中的【单一中心符号线】。

②单击圆的轮廓线,如图 10-54 所示。

图 10-53 中心符号线
属性管理器

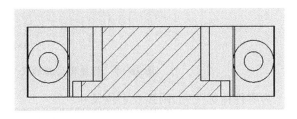

图 10-54 选择圆的轮廓线

③标注完如图 10-55 所示。

(3)手工为零件体标注线段尺寸

①单击【注解】选项卡,单击注解工具栏中的【智能尺寸】命令按钮。

②单击要标注的线段,出现标注的数值,选择合适位置放置,如图 10-56 所示。

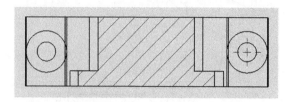

图 10-55　标注后的中心符号线

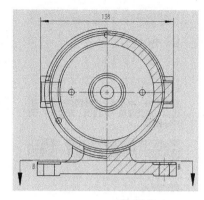

图 10-56　手工标注线段尺寸

③依照此方法,将图中需要标注的线段——进行标注。

(4)手工为零件体标注带公差的线段尺寸

①标注带公差的外形尺寸,同之前的标注一样,单击【注解】选项卡,单击注解工具栏中的【智能尺寸】命令按钮,单击要标注的图形,弹出尺寸属性管理器,将【公差/精度】一栏中的公差类型更改为对称,最大变量的数值更改为 0.02,如图 10-57(a)所示。

②单击【确定】按钮,效果如图 10-57(b)所示。

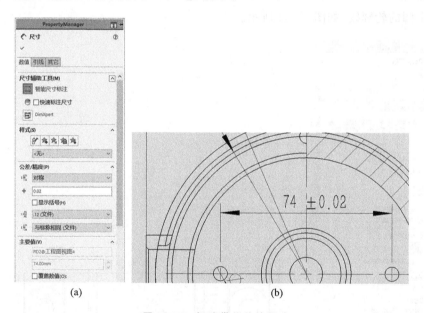

(a)　　　　　　　　　　　　　　(b)

图 10-57　标注带公差的尺寸

(5)手工为零件体标注孔、圆弧及定位尺寸

①单击【注解】选项卡,单击注解工具栏中的【智能尺寸】命令按钮,弹出尺寸属性管理器。

②单击要标注的孔,标注图中孔的尺寸。将【公差/精度】一栏中的公差类型更改为【套合】,孔套合选项中选中【H7】,并单击【线性显示】按钮,如图 10-58(a)所示。单击【确定】按钮,效果如图 10-58(b)所示。

③依照此方法,将图中需要标注的孔、圆弧及公差——进行标注,完成图 10-59 所示的效果。

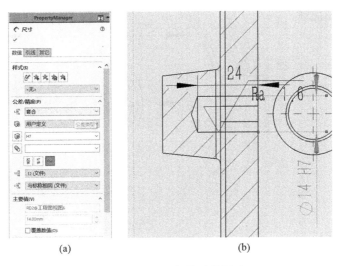

图 10-58　手工标注孔的尺寸

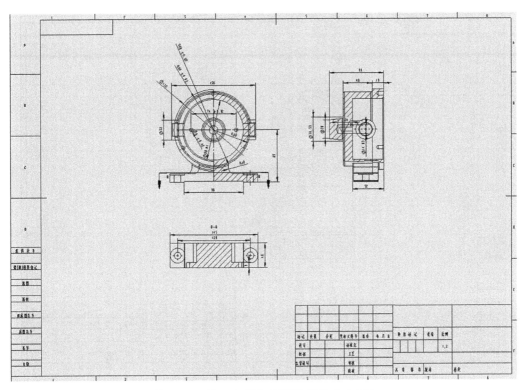

图 10-59　手工完成孔、圆弧及定位尺寸标注

（6）手工为零件体标注需要更改标注尺寸的文字

①单击【注解】选项卡，单击注解工具栏中的【智能尺寸】命令按钮，弹出尺寸属性管理器。

②单击要标注的孔，更改【标注尺寸文字】选项中的内容，内容更改为【2x＜MOD-DIAM＞＜DIM＞通孔】，如图 10-60（a）所示。单击【确定】按钮，效果如图 10-60（b）所示。

③全部标注完成的尺寸、中心线和中心符号线如图 10-61 所示。

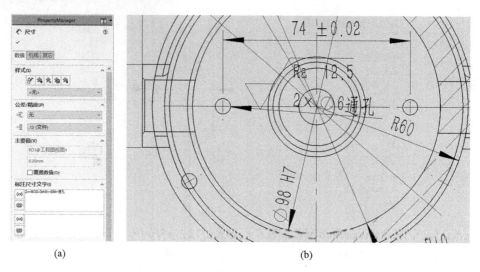

(a) (b)

图 10-60 更改标注尺寸文字

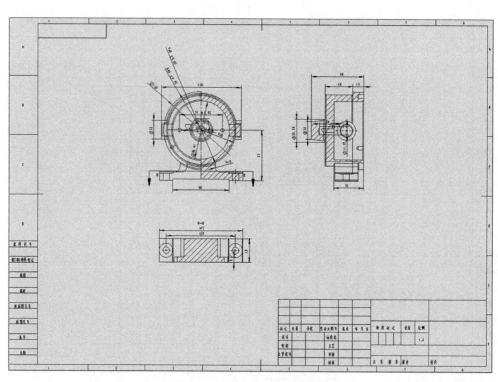

图 10-61 标注完尺寸的工程图

162

6. 标注零件图的表面粗糙度

①单击【注解】选项卡,单击注解工具栏中的【表面粗糙度符号】命令按钮 √,弹出表面粗糙度属性管理器。

②单击要标注的表面,确定表面粗糙度符号的位置,并设定表面粗糙度符号的标注参数。在【符号】栏中选择【要求切削加工】选项,数值输入 6.3,在【角度】栏中选择【垂直】选项,在【引线】栏中选择【无引线】选项,如图 10-62(a)所示。单击【确定】按钮,效果如图 10-62(b)所示。

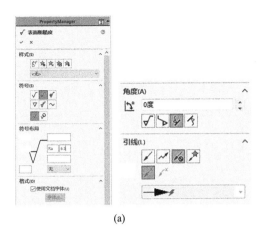
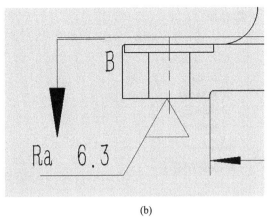

(a)   (b)

图 10-62　标注表面粗糙度

③依照上述方法进行其他表面粗糙度标注。

7.加注注释文字

①单击【注解】选项卡,单击注解工具栏中的【注释】命令按钮**A**。

②选择注释所添加的位置,输入"技术要求 1、未注圆角为 R2-R3；2、未注倒角为 C1",字体大小为 20。单击【确定】按钮完成注释文字标注,如图 10-63 所示。

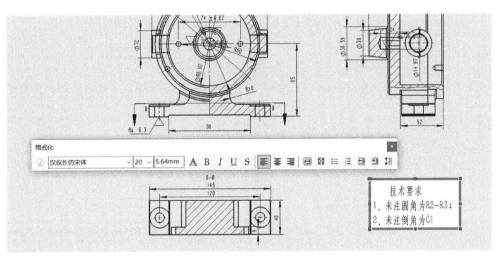

图 10-63　添加注释文字

至此,工程图已绘制完毕。

8.保存

(1)常规保存

如同编辑其他的文档一样,按住 Ctrl＋S 键即可保存文件。

(2)保存分离的工程图

①单击【文件】|【另存为】,弹出【另存为】对话框,如图 10-64 所示。

②在【保存类型】中选择【分离的工程图(＊.slddrw)】。

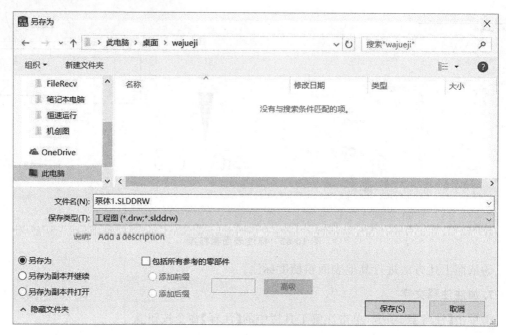

图 10-64 【另存为】对话框

第①章　基于 KeyShot 渲染

 ## *11.1*　学习目标与重难点

本章主要介绍了 KeyShot 的界面、材质、贴图、标签和渲染设置等几个方面。需要重点掌握材质和场景的添加,学习完本章后能够渲染模型。

 ## *11.2*　知识点解密

11.2.1　渲染的基本概念

渲染是模拟物理环境的光线照明、物理世界中物体的材质质感来得到较为真实的图像的过程,目前流行的渲染器都支持全局照明、HDRI 等技术。而焦散、景深、3S 材质的模拟等也是用户比较关注的要点。

（1）全局照明

全局照明是高级灯光技术的一种(还有一种热辐射,常用于室内效果图的制作),也叫作全局光照、间接照明等。灯光在碰到场景中的物体后,光线会发生反射,再碰到物体后,会再次发生反射,直到反射次数达到设定的次数(常用 Deph 来表示),次数越多,计算光照分布的时间越长。利用全局照明可以获得更好的光照效果,在对象的投影、暗部不会有死黑的区域。

（2）HDRI

HDRI (high dynamic range image,高动态范围图像)中的像素除了包含色彩信息外,还包含亮度信息,如普通照片中天空的色彩(如果为白色)可能与白色物体(如纸张)表现相同的 RGB 色彩。同一种颜色在 HDRI 图片中,有些地方的亮度可能非常高。

HDRI 通常以全景图的形式存储。全景图指的是包含了 360°范围场景的图像,全景图的形式可以是多样的,包括球体形式、方盒形式、镜向球形式等。在加载 HDRI 时需要为其指定贴图方式。

HDRI 可以作为场景的照明,还可以作为折射与反射的环境。利用 HDRI 可以使渲染图像更真实。

KeyShot 照明主要源于环境图像,这些图像是映射到球体内部的 32 位图像。在 KeyShot 中,只需将缩略图拖动到实时窗口中就能创建照片般真实的效果。环境图有两种类型:现实世界的环境、类似摄影棚的环境。现实世界的环境较适合汽车或游戏场景,摄影棚环境较适合产品和工程图,两者都能得到逼真的效果,支持的格式有.hdr 和.hdz (KeyShot 属性的格式)。

11.2.2　KeyShot 界面介绍

KeyShot 的操作界面非常简单易用,如图 11-1 所示。左侧为库,用来寻找所需要的材质;右侧为项目,用来更改模型文件场景,包括复制、删除、编辑材质,调整灯光等操作。

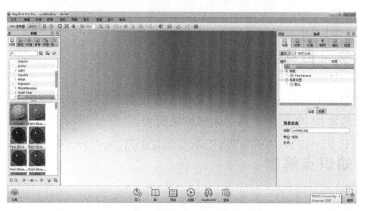

图 11-1　KeyShot 操作界面

11.2.2.1　【场景】选项卡

图 11-2 所示为【项目】面板中的【场景】选项卡,在这里可以显示场景文件中的模型、相机和场景设置等。在【场景】选项卡下方还有【名称】【单位】【材质】等选项。

从 SolidWorks 软件中导入的模型会保留原有的层次结构,这些层次结构可以通过单击模型左边的＋图标来展开。被选中的部件会以高亮显示(需要在首选项中激活该选项)。在模型名称上单击鼠标右键,利用弹出的快捷菜单可以对模型进行编辑。

11.2.2.2　【材质】选项卡

图 11-3 所示为【项目】面板中的【材质】选项卡,选中材质的属性会在这里显示,场景中的材质会以图像形式显示。当从材质库中拖动一个材质到场景中,就会在这里新增一个材质球。双击材质球可以对此材质进行编辑,如果有材质没有赋予场景中的对象,那么会从这里移除掉。

图 11-2　【场景】选项卡

图 11-3　【材质】选项卡

①名称:可以给材质命名,单击【保存到库】按钮可以将材质保存到库里面。

②材质类型:包含了材质库中的所有材质类型。所有材质类型都只包含创建这类材质的参数,这使创建和编辑材质变得很简单。

③属性:显示当前选择材质类型的属性,单击可展开其选项。

④纹理:可以添加如色彩贴图、高光贴图、凹凸贴图、不透明贴图等。

⑤标签:可以添加材质的标签。

11.2.2.3 【环境】选项卡

图 11-4 所示为【项目】面板中的【环境】选项卡,在这里可以编辑场景中的 HDRI,支持的格式有 .hdr 和 .hdz(KeyShot 的专属格式)。

①对比度:用于增加或降低环境贴图的对比度,可以使阴影变得尖锐或柔和;同时也会增加灯光和暗部区域的强度,影响灯光的真实性。为获得逼真的照明效果,建议保留为初始值。

②亮度:用于控制环境图像向场景发射光线的总量,如果渲染太暗或太亮,可以调整此参数。

③大小:用于增加或减小灯光模型中环境拱顶的大小,这是一种调整场景中灯光反射的方式。

④高度:调整该参数可以向上或向下移动环境拱顶的高度,这也是一种调整场景中灯光反射的方式。

⑤旋转:设置环境的旋转角度,这也是另外一种调整场景中灯光反射的方式。

⑥背景:可以设置背景为【照明环境】【色彩】【背景图像】。

图 11-4 【环境】选项卡

⑦地面阴影:用于激活场景的地面阴影。选择此选项,就会有一个不可见的地面来承接场景中的投影。

⑧地面反射:选择此选项,任何三维几何物体的反射都会显示在这个不可见的地面上。

⑨阴影颜色:单击此选项可以将阴影编辑为任何色彩。

⑩整平地面:选择此选项,可以使环境的拱顶变平坦,但只有使用【照明环境】方式作为背景时才有效。

⑪地面大小:拖动滑块可以增加或减小用于承接投影或反射的地面的大小。最佳方式是,尽量减小地面尺寸到没有裁剪投影或反射。

11.2.2.4 【相机】选项卡

图 11-5 所示为【项目】面板中的【相机】选项卡,在这里可以编辑场景中的相机。

①相机:包含了场景中所有的相机。在其下拉菜单中选择一个相机,场景会切换为该相机的视角。单击右边的图标,可以增加或删除相机。

②距离:推拉相机向前或向后,数值为 0 时,相机会位于世界坐标的中心,数值越大,相机距离中心越远。拖动滑块改变数值的操作,相当于在渲染视图中滑动鼠标滚轮来改变模型景深的操作。

③方位角:控制相机的轨道,数值范围为 $-180°\sim180°$,调节此数值可以使相机围绕目标点环绕 $360°$。

④倾斜:控制相机的垂直仰角或高度,数值范围为 $-89.99°\sim89.99°$,调节此数值可以使

图 11-5 【相机】选项卡

相机垂直向下或向上观察。

⑤扭曲角:数值范围为-180°~180°,调节此数值可以扭曲相机,使水平线产生倾斜。

⑥标准视图:在其下拉菜单中提供了【前】【后】【左】【右】【顶部】和【底部】6个方向,选择相应的选项,当前相机会被移至该位置。

⑦网格:可将视图分为【二分之一】【三分之一】【四分之一】网格区域进行显示。

⑧镜头设置模式:包括【视角】【正交】和【位移】,表示调整当前相机为透视角度或正交角度或可移动距离的透视角度。正交模式不会产生透视变形。

⑨视角/焦距:当增加视角数值时,会保持实时视图中模型的取景大小。

⑩视野:相机固定注视一点时所能看见的空间范围,广角镜头的视野范围大,变焦镜头的视野范围小。

11.2.2.5 【图像】选项卡

图 11-6 所示为【项目】面板中的【图像】选项卡,其各选项功能如下。

①分辨率:修改分辨率会修改实时窗口的大小。当选择【锁定幅面】复选项时,自由调整窗口或键入数值时,实时渲染窗口长宽比保持不变。

②亮度:调整实时窗口渲染图像的亮度,类似于 Photoshop 中的调整亮度操作。一般作为一种后处理方式,这样不用通过调整环境亮度然后再重新计算底部方式来改变亮度。

③伽玛值:类似于调整实时窗口渲染图像的对比度,数值降低会增加对比度,数值增高会降低对比度。为了使渲染效果逼真,推荐保留初始数值。这个参数很敏感,调整太大会引起不真实的效果。

④Bloom 强度:给自发光材质添加光晕特效,给画面添加整体柔和感。

⑤Bloom 半径:控制光晕扩展的范围。

⑥暗角强度:添加暗角强度渐晕特效可以使渲染图像周围产生阴影,使视觉焦点集中在三维模型上。

⑦暗角颜色:可以修改暗角颜色。

11.2.2.6 【照明】选项卡

图 11-7 所示为【项目】面板中的【照明】选项卡,其各选项功能如下。

图 11-6 【图像】选项卡　　　　图 11-7 【照明】选项卡

①照明预设值:有【性能模式】【基本】【产品】【室内】【完全模拟】和【自定义】选项,可调节不同的照明预设模式。

②射线反弹:调整场景中光线反弹的总次数,对于渲染反射和折射材质很重要。

③阴影质量:调整这个选项会增加地面的划分数量,这样给地面阴影更多的细节。

④细化阴影:细化三维模型阴影部位的质量,一般需要选择。

⑤全局照明:允许间接光线在三维模型间反弹,允许位于透明材质下的其他模型被照亮。在渲染透明物体时应该选择,这会增加计算物体之间光线照射不到的地方的间接照明,使画面不出现大片暗色区域。

⑥地面间接照明:允许间接光线在三维模型与地面之间反弹,产生较为真实的阴影效果。选择【全局照明】和【地面间接照明】这两个参数都会增加渲染的时间。

11.2.3 【库】面板

【库】面板包含了【材质】【颜色】【环境】【背景】【纹理】和【收藏】六个选项卡。其中:【材质】【颜色】是给零件添加材质和上色的;【环境】使 HDRI 拥有 360 度场景,可以放置模型;【背景】只是简单的图片,用于填充模型的背景;【纹理】是给零件添加纹理的。

11.2.4 贴图

贴图是三维图像渲染中很重要的一个环节,可以通过贴图操作来模拟物体表面的纹理效果,添加细节,如木纹、网格、瓷砖、精细的金属拉丝效果。贴图在【库】面板的【纹理】选项卡中添加。图 11-8 所示为【纹理】选项卡。

11.2.4.1 贴图通道

KeyShot 提供了 4 种贴图通道,即【漫反射】【高光】【凹凸】和【不透明度】,如图 11-8 所示。相比其他渲染程序,贴图通道要少一些,但是也可满足调整材质所需。每个通道的作用各不相同。

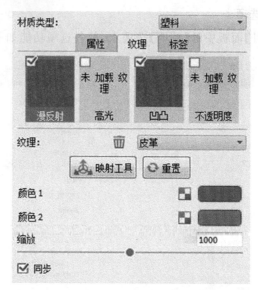

图 11-8　贴图通道

(1)【漫反射】通道

【漫反射】通道可以用图像来代替漫反射的颜色,可以用真实照片来创建逼真的数字化材质效果。【漫反射】通道支持常见的图像格式。

(2)【高光】通道

【高光】通道可以使用贴图中的黑色和白色表明不同区域的高光反射强度。黑色不会显示高光反射,而白色会显示 100% 的高光反射。金属部分有很亮的高光反射,而生锈部分没有反射。生锈区域映射到的是黑色,金属部分为白色。这个通道可以使材质表面的高光区域效果更细腻。

(3)【凹凸】通道

现实世界中材质表面有凹凸等细小颗粒的材质效果可以通过这个通道来实现。这些材质细节在建模中不容易或没法实现,像锤击镀铬、拉丝镍、皮革表面的凹凸质感等。创建凹凸映射有两种不同的方法:第一种也是最简单的方法,就是采用黑白图像;第二种是通过法线贴图。

法线贴图:比黑白图像包含更多的颜色,这些额外的颜色代表图中的 X、Y、Z 坐标扭曲强度。法线贴图能比黑白图像创建更复杂的凹凸效果。

黑白图像:黑色表示凹陷,白色表示凸起。即使不用法线贴图,黑白图像也能创建非常逼真的凹凸效果。

(4)【不透明度】通道

【不透明度】通道可以使用黑白图像或带有 Alpha 通道的图像来使材质某些区域透明,常用于创建实际没有打孔的模型的网状材质。

Alpha:使用任何嵌入图像的 Alpha 通道来创建局部透明效果。如果图像中没有 Alpha 通道,使用该选项会没有透明效果。

色彩:使用图像中颜色的亮度值来表示透明度,一般采用黑白图像。白色区域为完全不透明,黑色区域表示完全透明。50% 灰色表示透明度为 50%。这种方法不需要 Alpha 通道来实现透明效果。

反转色彩：将颜色反转为相反的亮度值。白色将是完全透明的，黑色将是完全不透明，50％灰色将是不透明度为50％。

11.2.4.2 贴图类型

（1）平面X/Y/Z模式

只通过3个单项轴向（X轴、Y轴、Z轴）来投射纹理，不面向设定轴向的三维模型表面。

当模式设置为"平面X/Y/Z"时，只有面向相应轴向的曲面能显示原始的图像，其他曲面上的贴图会被延长拉伸以包裹3D空间。

（2）盒贴图模式

盒贴图模式会从一个立方体的6个面向3D模型投影纹理。纹理从立方体的一个面投影过去，直到发生延展，大多数情况下，这是最简单快捷的方式，产生的延展最小。其缺点是：在不同投影面相交处有接缝。

（3）球形模式

球形模式会从一个球的内部投影纹理，大部分未变形图像位于赤道部位，到两极位置开始收敛。对于有两极的对象，盒贴图模式与球形模式或多或少都有扭曲。

（4）圆柱形模式

面对圆柱体内表面投影的纹理效果较好，不面对圆柱体内表面的投影纹理会向内延伸。

（5）UV坐标模式

UV坐标模式是一个完全不同的2D纹理到三维模型的方式，是一个完全自定义模式，被广泛地用于游戏等领域。相比前面介绍的自动映射方式，UV坐标模式是完全自定义的贴图方式。

该模式比其他的映射类型更耗时、更烦琐，但效果更好。

11.2.5 【标签】选项卡

标签是专门用来在三维模型上自由方便地放置标志、贴纸或图像对象的。图11-9所示为【标签】选项卡。【标签】选项卡支持常见的图像格式，如JPG、TIFF、TGA、PNG、EXR、IHDR。标签没有数量限制，每个标签都有它自己的映射类型。如果一个图像内带Alpha通道，该图像中透明区域将不可见。

（1）添加标签

单击【添加标签】按钮![]来加入标签到标签列表，加入标签的名称显示在标签列表中。在列表中选择要删除的标签后单击图标![]，可以删除该标签。

标签按添加顺序罗列，列表顶部的标签会位于标签层的顶部。单击【向上移动】按钮![]可以使标签切换到上面，单击【向下移动】按钮![]可以使标签切换到下面。

（2）【映射】选项栏

映射类型：标签与其他纹理拥有相同的映射类型，但是标签有一个其他纹理没有的映射类型，这就是【法线投影】。利用该功能可以用交互的方式来投影标签到曲面。这是标签的

图11-9 【标签】选项卡

默认类型。要定位标签,单击【位置】按钮,在模型上移动标签,当标签位于需要的位置时单击【完成】按钮,就会停止互动式定位。

缩放比例:缩放标签时可以拖动缩放滑块,这会调整标签的大小,同时保持长宽比例。要水平或垂直缩放,应展开【缩放】选项栏。

移动 X/Y:偏移标签的位置可以拖动平移 X 滑块或平移 Y 滑块。

角度:旋转标签可以拖动角度滑块,标签也可以垂直翻转、水平翻转和重复,通过选择相应选项即可。

(3)【标签属性】选项栏

强度:用于调整亮度,如果一个场景的整体照明是好的,但一个标签出现过亮或过暗,则可以通过强度滑块来调整。

深度:能控制标签通过材质的深度。例如, 个材质有两个表面直接相对,深度可以控制标签是出现在一个面上还是双面上。

折射指数:虽然这是最常用的与透明度有关的属性,但是这里的折射率参数只能作用于标签上,让其增加反射水平。它只会影响标签上的反射效果,需要将高光设置为黑色以外的颜色。

高光:主要控制在标签上是否出现高光反射。当颜色设置为黑色时,标签上将没有反射;而当颜色设置为白色时,会有很强的反射。这个参数也可以使用彩色,但最现实的效果应该是介于黑色和白色之间。

双面:控制在物体的背面是否显示标签。

11.2.6 模型的导入

将 3D 文档导入 KeyShot 有以下两种途径。

图 11-10 【KeyShot 导入】对话框

① 在 KeyShot 中选择导入模型来实现。单击 KeyShot 操作界面下部的【导入】命令按钮,弹出图 11-10 所示的【KeyShot 导入】对话框。

该对话框中常用选项含义如下。

几何中心:当选择该复选项时,会将导入的模型放置在环境的中心位置,模型原有的三维坐标会被移除。未选择时,模型会被放置在原有三维场景的相同位置。

贴合地面:当选择该复选项时,会将导入的模型直接放置在地平面上,也会移除模型原有的三维坐标。

方向:不是所有的三维建模软件都会定义相同的向上轴向。根据用户的模型文件,可能需要设置一下与默认方向(Y 向上)不同的方向。

②KeyShot 开发给各个软件的接入端口。

单击【文件】|【导入】命令,也会弹出图 11-10 所示的【KeyShot 导入】对话框。

11.2.7 渲染

(1)材质

选好材质后单击选好的材质,将其拖动到右边模型层次结构里所对应的零件上松开鼠标左键即可,切记不可直接拖动到界面里该零件上。

(2)颜色

选好颜色后单击选好的颜色,将其拖动到右边模型层次结构里所对应的零件上松开鼠标左键即可,切记不可直接拖动到界面里该零件上。

(3)背景

选好背景后单击选好的背景,将其拖动到界面里即可。

(4)场景

选好场景后单击选好的场景,将其拖动到界面里即可。

11.2.8 模型的移动

右击模型,弹出图 11-11 所示的快捷菜单,单击【移动模型】或【移动部件】命令,弹出图 11-12 所示的三维坐标系和对话框,选中要移动或旋转的方向,移动鼠标即可相应地移动模型或部件。移动完成后单击【完成】按钮即可。

图 11-11 快捷菜单

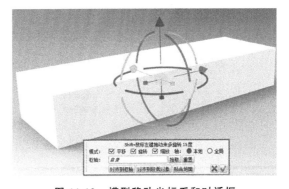

图 11-12 模型移动坐标系和对话框

11.2.9 渲染设置

对于添加好材质的模型,KeyShot 除了可以通过截屏来保存渲染好的图像外,还可以通过【渲染】命令来输出渲染图像。图像的输出格式与质量可以通过【渲染】对话框中的参数来设置。

（1）【输出】选项卡

【输出】选项卡内的选项用于输出图像的名称、路径、格式、大小等的设定，如图 11-13 所示。

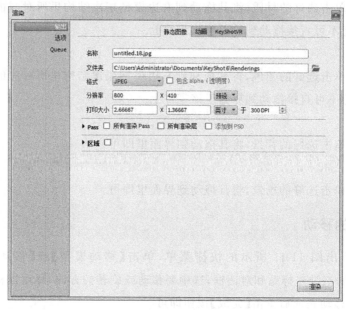

图 11-13 【渲染】对话框（【输出】选项卡）

（2）【选项】选项卡

【选项】选项卡内的选项用于输出图像的渲染质量的设定，如图 11-14 所示。

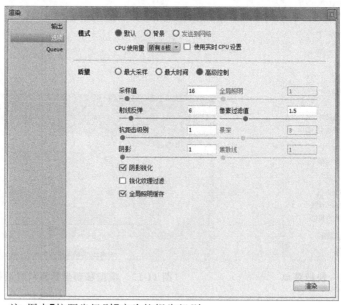

注：图中【抗距齿级别】应为抗锯齿级别。

图 11-14 【渲染】对话框（【选项】选项卡）

采样值：用于控制图像每个像素的采样数量。在大场景的渲染中，模型的自身反射与光线折射的强度或者质量都需要较高的采样数量。较高的采样数量设置可以与较高的抗锯齿设置配合。

　　射线反弹：用于控制光线在每个物体上反射的次数。对于透明材质，适当的光线反射次数是得到正确的渲染效果的基础。

　　抗锯齿级别：提高抗锯齿级别可以将物体的锯齿边缘细化。这个参数值变大，物体的抗锯齿质量也会提高。

　　全局照明：提高这个参数的值可以获得更加详细的照明和小细节的光线处理。一般情况下这个参数没有太大必要去调整，如果需要在阴影和光线的效果上做处理，可以考虑改变这个参数的值。

　　像素过滤值：为图像增加模糊的效果，得到柔和的图像。建议使用 1.5～1.8 的参数设置。不过在渲染珠宝首饰的时候，大部分情况下有必要将该参数值降低到 1～1.2。

　　景深：增大该参数值，将使画面出现一些小颗粒状的像素点，体现出景深效果。一般将参数设置为 3 就能得到很好的渲染效果。不过要注意的是，数值的变大将增加渲染的时间。

　　阴影：用于控制物体在地面的阴影质量。

　　焦散线：用于控制透明物体在地面聚焦阴影质量。

　　阴影锐化：该选项默认为选择状态，通常情况下尽量不要改动，否则将会影响到画面小细节方面阴影的锐利程度。

　　锐化纹理过滤：勾选该选项，可以得到更加清晰的纹理效果，不过这个选项通常情况下没有必要开启。

 ## 11.3　实战演练

11.3.1　案例呈现

　　完成图 11-15 所示的渲染效果。

图 11-15　渲染案例

11.3.2　设计思路

　　首先导入模型，然后添加材质和放置场景，最后保存文件即可。

11.3.3 实战步骤

导入模型,如图 11-16 所示。

图 11-16 导入模型

拖动材质库里的材质,添加到模型层次结构的对应零件上,得到图 11-17 所示的渲染模型。

图 11-17 添加材质后的模型

选择【场景】选项卡里的场景,将其拖到主界面上,给模型添加场景,通过移动模型使模型放在合适的位置,如图 11-18 所示。

图 11-18 渲染完成的模型

通过输出或者单击右下角截图命令保存。

参 考 文 献

［1］姜海军,刘伟.SolidWorks 2016 项目教程[M].北京:电子工业出版社,2016.

［2］郭友寒,杨佳,原一峰,等.SolidWorks 2013 机械设计基础及应用[M].北京:人民邮电出版社,2013.